高效能人士的情商训练课

王彦 著

EQ

高效能人士必修的10堂情商课

中国出版集团
现代出版社

图书在版编目(CIP)数据

高效能人士的情商训练课 / 王彦著．—北京：现代出版社，2015.12

ISBN 978-7-5143-4314-4

Ⅰ.①高… Ⅱ.①王… Ⅲ.①情商－能力培养－通俗读物 Ⅳ.①B842.6–49

中国版本图书馆CIP数据核字(2015)第 274923 号

作　　者　王　彦
责任编辑　张桂玲
出版发行　现代出版社
通讯地址　北京市安定门外安华里 504 号
邮政编码　100011
电　　话　010-64267325　64245264（传真）
网　　址　www.xdcbs.com
电子邮箱　xiandai@cnpitc.com.cn
印　　刷　北京中印联印务有限公司
开　　本　787mm × 1092mm　1/16
印　　张　17.5
版　　次　2016 年 5月第 1 版　2016 年 5月第 1 次印刷
书　　号　ISBN 978-7-5143-4314-4
定　　价　39.80元

前言

PREFACE

人们的情商水平参差不齐，尽管每个人都希望自己拥有高情商，但人与人相比的确存在一定的差距。情商较高的人，一般都很乐观、幽默，而且能站在他人的立场去思考问题，因此他们都有着良好的人际关系。他们自信但不自满，做事情不怕困难，能应对很多难题。

情商较低的人则往往表现为：目标不明确，容易受到别人的影响。与高情商的人相比，情商较低者善于原谅，对于相对较轻的焦虑情绪能应付。情商低的人自我意识很差，把自尊建立在他人的认同基础上，既没有明确的人生目标，也严重缺乏自信，而且不打算付诸实践，对他人具有强烈的依赖性。在说话和做事时，对别人的感受从不知道加以考虑，经常大发脾气，与他人相处的能力很差。爱抱怨，生活没有秩序。而且这样的人总习惯为自己的失败寻找借口，喜欢推卸责任，没有担当。他们的心理承受能力不够强，不能受到任何打击，对生活的态度十分悲观。

科学研究发现，一个人的大脑控制情绪的部分，如果遭到损坏的话，尽管他也能够进行清晰的推理，也具有符合逻辑的思维，但其所做出的决定却是很低级的。由此科学家推断，当人的大脑思维部分与情感部分相分离时，就会出现大脑无法正常工作的现象。也就是说，一个人所做出的任何正常举动，都是因为其综合运用了大脑情感部分和逻辑部分。所以说，一个情商水平高的人，应该是对大脑的这两个部位进行了综合利用。

一个高情商的人，他常常会有这样的表现：能够自动出发；具有远大的目光；能够做到自我情绪调控；自我认知能力强；具有很强的社交能力。

一个具有高情商的人，对所有人的人权和人格尊严都会给予极大的尊重，而绝不会将自己的价值观硬性地强加于人；对自己有清醒的认识，抗压能力强；自信，但不自满；对生活中出现的各种问题，能够妥善处理；与人相处融洽，并能认真对待每一件事。

依据上面的描述，大家对于情商高低所表现的特征应该有了清楚的了解。情商既然能在人们的一生中起着那么重要的作用，人们重视它也是必然的，而大家也都想了解自己的情商水平，因此，测试情商水平的方法也自然成为人们热衷的话题。人们之所以这样，无非是因为当今社会中，想在企业求得更适合自己的职位，都会面临情商测试这一关。很多大企业在招聘员工时都会将情商评估作为考核新员工的一项重要内容，而在企业内部，他们也会对员工进行情商评估。所以，情商评估也就顺理成章地火了起来。

目前，哈佛大学的情商评估受到广泛关注。它从很多方面对人们的情商进行检验，如领导者的亲和力、应变能力、自我情绪管理能力，还有针对普通人的气质测试、自控力测试、自信心测试等，可谓包罗万象。每个人都可以根据哈佛的情商评估题，对自己的情商进行测试，准确率虽然达不到百分之百，但也八九不离十。

测试情商是为了检验我们的情商水平，看看自己在哪个方面需要多做出努力，来修正自己、完善自己。情商是可以通过各种训练方法得以提升的，对这个说法也许有人会产生怀疑，但其训练结果却是千真万确的。

想让自己的情商获得提升，首先要在生活中做一个有心人，不断地给予自己积极的暗示。多给自己一些信心，勇敢面对生活和工作上的挑战，时刻鼓励自己，让自己成为一个能自动出发的人。而情商的另一方面——人际交往能力的培养，也可以通过关爱别人来做到。其中包括：站在他人的角度去思考问题；学会察言观色，通过对方的言行举止，去体察他的情绪变化，从而因势利导，让事物的发展朝向自己所设定的方向。高情商的人不仅对他人的情绪能及时准确地作出体察，还能随时发现自我情绪变化并及时调控。他们对自己的认知能力很强，所以不会轻易在挫折和困境面前显露出沮丧的情绪，也不会在突发事件面前显得手足无措，因而能够很好地将情绪控制住，这也是很多管理者非常明显的个性特征。要让自己成为能把控情绪的人，就要学会及时体察和管理自己的情绪，遇事冷静，遭遇挫折和困境时不轻言放弃，努力克服困难，从而使自己的承受能力、自信心、乐观精神等得到很大程度的提升。

现代社会不仅需要智商高的人才，更需要智商和情商并驾齐驱的人才。这是一个多元化的时代，对人才的需求有着更高的要求。因此，人们在掌握一定技能的同时，还要加强与人协作的能力、应对各种变化的能力等。只有这样，才能在当今社会中获得更好的发展。所以，对于当代人来说，培养、提升自己的情商就成为一个不容忽视的问题。

本书的编写，就是为了帮助朋友们在情商训练方面获得更大的提升。编者从多个角度为大家介绍了情商及其测试、培养、修炼等方式方法，让大家读有所得，从中学会自我情绪管理，在今后的人际交往中如鱼得水，带领团队创造更大的价值。

目 录

CONTENTS

第一章

情商评估：测测你的情商到底有多高

被高效能人士日益重视的情商评估

气质怎样左右你情商的高与低

为什么说自信心是高情商的重要表现

亲和力是评估情商高低的重要因素

应变能力是高效能人士的必备素质

由于个体的差异和生存环境等因素，人们的情商显现出高低不同的水平。而不同情商的人在生活和工作中的不同表现，使他们的个人发展显现出了很大区别。所以，人们很想了解自己的情商水平如何，并因此对情商评估产生了极大兴趣。一些用人单位深刻认识到员工情商在其本职工作中所起的作用，所以在招聘员工时对其进行情商评估，以大概了解其人是否符合组织的文化理念以及入职后适合做什么。情商评估包含很多方面，人们尽可以通过自己在不同方面的能力检验，对自己的情商有大致的了解，知道自己的优势与不足，从而有针对性地加强训练，使自己变得更加优秀。

1. 被高效能人士日益重视的情商评估

心理学家对于情商的认定主要包含五个方面：

- 了解自我，能时刻监视自我情绪的变化，察觉某种情绪的出现，对自我内心体验进行观察和审视。
- 自我管理，能很好地调控自我情绪，使之适度地表现出来。
- 自我激励，具备依据某种活动目标，控制和调动情绪的能力。
- 具备识别他人情绪的能力，即可以在他人发出的细微社会信号中，敏锐地捕捉到其需求和欲望。具备这样的能力，就可以在与人交往的过程中，达到顺利沟通的目的。
- 能很好地处理人际关系，也就是拥有调控自己与他人的情绪反应的技巧。

在这几项中，第一项的意义是通过对自身情绪的认识，使自身成为生活的主宰；第二项是说管理好自己的情绪，就能对自己进行调控；第三项则注重自我激励，深陷困境时能够激励自己走出生命的低谷，重新振作起来；第四项对他人情绪的正确认知，能够帮助人们更好地建立人际关系。而具备第五项能力，就拥有了领导和管理能力。

由此可见，一个人的情商高低，对于他的沟通能力、团队协作力及其领导力都有着极大影响。因此，当人们了解了情商之于一个人的重要性后，都想明确一下自己的情商处于怎样的一种状态。

当然，情商的高低是可以通过一些方法评估出来的。不过，它不像测试智力水平那样，可以通过测验分数比较准确地表示出来，情商的高低是通过对个人的一些综合表现进行判断的，很多机构都有自己相应的情商评估题。当然，哪一种评估题更有科学性，还有待检验。目前，最有权威的情商评估来自哈佛大学。

那么，心理学家根据什么来判断一个人的情商水平呢？

（1）社交能力的强弱，是否外向而充满快乐，不会轻易地陷入恐惧和悲伤的情绪里。

（2）是否能够积极地投入自己的事业。

（3）是否具有同情心，为人正直。

（4）是否拥有丰富的情感生活，但不会做出逾越之事，不管是独处还是和许多人共处，都能处于轻松快乐的状态。

针对情商水平，学者们提出了很多评估的方法和题目。哈佛心理学博士丹尼尔·高尔曼就是众多研究者之一，他曾经为此作过很多尝试，提出了10个问题，通过被测试者对这些问题的回答，从中窥探他们对于情商的大概印象。

现在我们从中挑选两个测试题，与大家共同分享哈佛学者的研究成果。测试的题目是这样的：

（1）在飞机上，当你突然感受很大的震动时，你的身体会随着左右摇摆，这时，你将怎么做？

A.继续读书、看杂志或电影，不去注意周围人们的骚乱。

B.关注事态变化，注意聆听飞机广播播出的信息，翻看紧急情况应付手册，以防备不测的发生。

C.A和B的反应都有一些。

D.不能确定，也就是根本没注意到人们的反应。

这个测试题的答案是这样的：除了D以外，其他答案都可以。而回答

D的人，反映了他在面临压力时，比较缺少警觉性。各个答案的得分分别为：A=20，B=20，C=20，D=0。

（2）带一群四岁的孩子去公园玩，可是里面有一个孩子因为没人和他玩而大哭起来，这时你会做什么？

A.不去管，让孩子们自己处理。

B.走上前去，和这个孩子交谈，帮他想办法。

C.轻轻地对他说不要哭。

D.给他找一些其他东西让他玩，以转移他的注意力。

这个测试题的最佳答案是B。一个情商高的父母，善于把握和利用时机，在孩子情绪状态不佳时，对其适时地进行情绪教育，让他明白自己感到不安的缘由和此刻他所感受到的情绪状态是怎样的，以及对此应作出的选择。

该题所得分数是这样的：A=0，B=20，C=0，D=0。

通过以上两道测试题，我们多少可以了解到哈佛大学对于情商测试题的设计思路。

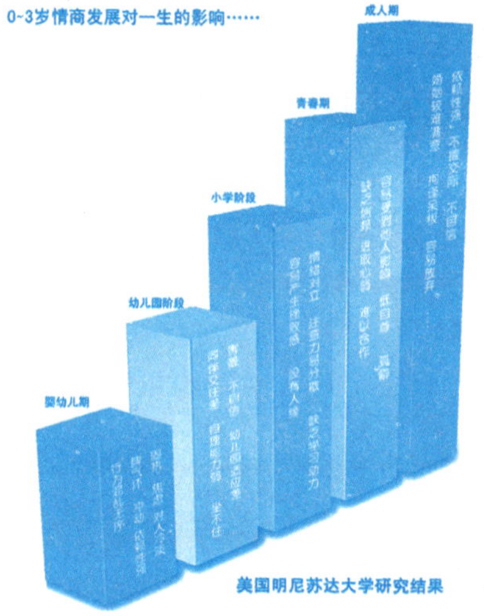

图1-1-1　情商对人生的影响

目前，不少知名企业对员工的情商特征越来越重视，有的企业还根据自己的结构、文化、特质等方面，为员工量身制作了一套情商评估题，在规定的时间内对求职者进行测试，以此初步了解求职者的心理状态和潜在意识等。虽然这种测试的准确率不一定是百分之百，但对于求职者的心理状态和潜在意识以及未来是否适应企业的文化，却是有一定参考价值的。

很多大的机关和企业，也会对其内部员工进行情商测试。欧洲非常流行一套国际标准情商评估试题，世界上很多大企业，像可口可乐公司、麦当劳公司、诺基亚等，都曾以此为模板，为他们的员工进行过情商的测试。员工的情商怎样关系到企业优势与短板的利用，因此，对员工进行类似的情商测试对企业来说都有一定的意义。企业可以根据员工自身体现的综合素质为员工进行合理的工作分配。另外，管理人员会面临员工因工作压力而引发问题的困境，对此，也可以通过对员工情商的分析，找出一些解决问题的良策。

其实，情商评估的最终目的就是帮助人们认识自我、完善自我，提升个人的综合素质，从而创造更大的人生价值，享受美好的生活。

通过上述测试题所给出的最佳答案可以看出，一个智商高的人，在面对挫折时，拥有积极心态，且善于利用机会，懂得坚持不懈。我们了解了这些，就能从中发现自己的不足，尽力加以修正，从而使自身的情商得以提升。

2. 气质怎样左右你情商的高与低

众所周知，气质对一个人的影响是很大的。一个人的气质与其个人处理问题的方式密切关联，因此可以说，一个人的气质，对其所从事的工作性质和效率有一定影响。每个人的气质都不同，有的人活泼好动，有的人安静稳重，有的人则看上去暴躁易怒。这些个人特质表现在工作和事业追求上也有很大不同。

在心理学上，人的气质分为四种类型：胆汁质、多血质、黏液质、抑郁质。

多血质的人开朗敏捷，善于交际，言语富有感染力，在群体中比较受欢迎，一旦被某件事吸引就会表现得生机勃勃。多血质的人情绪不够稳定，往往给人的印象是喜怒易变，容易转移注意力，对事物的热情不持久，而且经常会有不守信用的行为表现。

胆汁质的人属于情绪外露之人，他们热情率直、精力充沛，但容易冲动，爱指挥人，脾气暴躁，行为果断。胆汁质的人最爱感情用事，自制力也比较差。能克服生活和工作中出现的小问题和小困难，一旦遇到要打持久战的情况，他们的情绪就会很低落。

黏液质的人沉稳冷静，感情细腻，对事物富于想象力，而且也能有比较深刻的体验。他们做事认真，不轻易许诺。虽然对周围人的想法和感觉能深刻领会，但并不善于与人交往。而且这类人比较被动，处事优柔寡断，又多愁善感。

抑郁质的人属于比较理性的一类人，他们不轻易表露自己的情感，自制力非常强，但同时在行动上也表现得比较缓慢沉着。而且，他们对于情感过于冷淡，比较拘谨。抑郁质的人善于完成需要意志力和需要长时间投入注意力的工作。但他们缺乏创新精神，不擅长随机应变。

以上就是对几种气质类型的大致分析。从分析中我们知道，各种气质的人所表现出来的个人性格特征是完全不同的，而这些特征在工作中所发挥的作用也是不同的。所以，现在很多大企业在员工招聘中运用了气质情商的检测手段，目的就是让员工能以自身优势，保持在工作中的热情和干劲，给企业创造更大的价值。

另外，现在还专门有一些指导大学生就业的机构，他们在对大学生做职业生涯规划之前，先对其气质、性格、情商等进行科学、系统的评估，然后为其提供就业指导意见。他们给出一套测试题，让测试者回答，最后根据得分多少，对其进行气质判断，分析出他的大概性格，情绪变化的规律，然后进行因势利导，或者判断他是否适合进入某企业。

下面有四组气质类型的测试题，大家可以通过回答问题，来确定自己属于什么气质。在回答问题时，如果完全符合自己，就在题目前的（ ）中记3分，模棱两可的记1分，完全不符合的记0分。回答完后，再计算出自己在每种气质类型中的总分数，得分数明显高的那组，就是你的气质类型（较其他组均高于4分及以上）。如果两组分数差异接近（小于3分），而且比其他两组明显高出，可断定为两种气质混合型。

● A组

（ ）1.能很快适应新环境

（ ）2.善于与人交往

（ ）3.一般情况下都比较乐观

（ ）4.对一些不愉快的事能够很快忘掉

（ ）5.接到新任务后，希望迅速完成

（ ）6.可以同时注意几件事情

（ ）7.通过短暂休息，就可以消除工作疲劳，继续投入工作

（ ）8.不喜欢需要耐心去做的工作

（ ）9.对喜欢的事干劲十足，反之则不想干

( ) 10.如果手头工作很枯燥，就会产生低落情绪

( ) 11.头脑灵活，反应迅速

( ) 12.喜欢变化大、花样多的工作

总分：如果在这组测试题中，所得分数比较高，就属于多血质气质类型的人。这种气质类型的人比较适合公关、艺术、记者、秘书等工作。

● B组

( ) 1.争第一的欲望强烈，喜欢在公共场合表现自己

( ) 2.做事常常不考虑后果，行事莽撞

( ) 3.做事时精力总是很旺盛

( ) 4.喜欢侃侃而谈，讨厌窃窃私语

( ) 5.容易情绪激动，总是出口伤人又不自知

( ) 6.对能够克制自己感情之人比较羡慕

( ) 7.喜欢热烈的、运动量大的活动

( ) 8.情绪高时，干什么都有劲，情绪不高时，什么也不想干

( ) 9.认准哪个目标后就想马上实现它，可以为此废寝忘食

( ) 10.对可气的事会难以忍住怒火，心里的话不吐不快

( ) 11.喜欢情节跌宕起伏的小说和视频节目

( ) 12.好争辩，愿意抢先发表自己的意见，力图压倒别人

总分：如果在这组试题中得分偏高，就属于胆汁质气质类型的人。比较适合从事的工作为飞行员、探险者、运动员、演讲家、营业员等。

● C组

( ) 1.不爱对小事计较，能克制、忍让，也能容忍别人对自己的误解

( ) 2.做事时不容易分心，能较长时间地在某一事物上集中注意力

( ) 3.对枯燥单调的工作能持续较长时间地做下去

( ) 4.情感不外露，不容易激动

( ) 5.对事情不喜欢长时间讨论，更喜欢实际动手

( ) 6.对待工作的态度是一直保持认真、严谨

( ) 7.对有条不紊的工作比较钟爱

( ) 8.与人交往时不卑不亢

( ) 9.遇到令人气愤的事情时，能克制住自己的情绪

( ) 10.对安静的环境比较喜欢

( ) 11.不会去做没有把握的事

( ) 12.有埋头苦干的精神

总分：如果在这组测试题中得分偏高，就是黏液质气质类型的人。这种类型的人比较适合的工作有翻译、医生、商务、科研人员等。

● D组

( ) 1.不喜欢和许多人在一起，宁愿一个人做某事

( ) 2.不愿意将自己的心事说出来

( ) 3.在学习和工作时比别人更容易感到疲倦

( ) 4.接受新知识的能力比较慢，但理解后很难忘记

( ) 5.对感情细腻、人物心理活动丰富的文学影视类作品更感兴趣

( ) 6.遇到问题是比较优柔寡断

( ) 7.与陌生人相处觉得很拘束

( ) 8.对那些强烈的刺激，如噪音、尖叫等很厌恶

( ) 9.会因为一点小事而情绪波动，感情比较脆弱

( ) 10.对于在学习和工作中遭遇的失败，会感到痛苦万分

( ) 11.心情不好时，别人很难让自己高兴起来

( ) 12.遭遇危险时，会感到非常恐惧

总分：如果在这种测试题中得分偏高，就属于抑郁气质类型的人。这种类型适合的工作有诗人、音乐家、画家、作家、校对等。

人的气质虽并不是绝对的，泾渭分明的，也没有什么好坏之分，但是

对于个人气质的认识，可以帮助人们对自己有一个相对科学的认知。一个人只有了解了自己，才可以发挥自己气质中积极的一面，克服其消极的一面，从而使自己在工作中扬长避短，更加适应激烈竞争的社会环境。

3. 为什么说自信心是高情商的重要表现

自信心对于每个人来说都十分重要，没有自信心，就没有勇气去面对生活和工作中出现的困难和挑战。所谓自信是指个体对自我能力、技能的感受，是对自己有效应付各种环境的能力的主观评价。自信是一个人在生活和工作中必须具备的能力，人们有必要了解自我的自信程度。企业也有必要对员工的自信度做一个了解，这有助于企业管理者对员工的管理。自信具有以下几个因素。

（1）对优劣势的认定：一个自信的人对自己的优势和劣势会有正确的认识。清楚自己的实力和优势在哪里，并能对此作出正确的评估。

（2）相信自己：相信自己可以将某事做好，对其中出现的问题，相信自己可以应付，认可自己的决定或判断。

（3）不怕挑战：能主动地去接受挑战，不怕置身于挑战非常大的环境之中。

（4）不轻言放弃：无论遇到多大的困难和阻碍，都能不改初衷，直到目标完成。

无疑，拥有自信才能更好地完成工作任务，达成自己设定的目标。所以，人们应该了解自己的自信心是否强大。

那么，如何更加准确地了解自己是否是一个充满自信的人呢？想要获得这个问题的答案，可以通过自信测试的方法获得。测试自信可以分为这样两个步骤去进行操作：

其一，成功潜意识的正向测试。

请看测试题目，然后作出选择。

（1）一点都不像我（1分）

（2）不太像我（2分）

（3）像不像我无所谓（3分）

（4）比较像我（4分）

（5）完全像我（5分）

你选择了哪个序号，就会得到相对应的分数，然后将它们相加，你的成功潜意识正向测试就是这些分数的总和。

我不在乎别人对我的看法如何，我更在意自己的成就感有多少。

我认为胜败无定论，主要看自己的感受如何。

当大家对某一件事有不同意见时，我一般不会有任何主张。

当我晋升或获得奖励时，我通常会觉得受之有愧。

我更愿意维持目前的经济状况，不想对其做更大改善，我怕那样会对我眼下的生活状况产生干扰。

……

其二，成功潜意识的反向测试题。

在对成功潜意识的反向测试题中，各题的得分是反向的。

（1）一点都不像我（5分）

（2）不太像我（4分）

（3）像不像我无所谓（3分）

（4）比较像我（2分）

（5）完全像我（1分）

各题分数相加后的总分数，就是成功测试潜意识反向测试的得分。下面是反向测试题。

（1）对于那些对我的事业有帮助的社交活动，只要被邀请我就会参加，就算那个场合中没有我认识的人。

（2）当别人努力争取却无法获得某项工作时，我的做法是会更加积极地争取，因为在我看来，这是一个表现自己的大好机会。

（3）我更喜欢有钱有势的生活状态，我觉得其他都是次要的。

（4）和那些不惜一切代价出人头地的人相比，我认为自己更有价值。

……

然后将两种形式测试所得的分数相加，其总分就是你的成功自信心的程度。

测试规则是看被测试者在哪一个得分段中，如在1~15分这个分数段属于怎样的自信程度，在15~30分属于哪一级的自信程度。

- **自信程度强的人：** 因为无所畏惧，所以能把握住机会，取得成功的机会就越大。但同时，这类人可能会带来两种完全不同的效果，或者令人生畏，或者因为什么也不怕，导致行事鲁莽，遭到别人的厌恶。

- **具有中等强度自信的人：** 这类人往往表现出追求成功和逃避成功的两种倾向，而且其比例大致相等。这种人如果在好的机会到来时，能作出一些正面的改善，个人取得成功的机会就会大一些。相反，则可能让机会白白溜掉。

- **自信程度偏高者：** 这类人比较敏感，而且愿意冒险，对于任何后果也能坦然面对，同时具有成功所具备的自信心和解决问题的创造力，能把握住机会，有较强的情绪控制力以及高度的责任感。

- **自信程度偏低者：** 他们觉得对于成功这个话题，自己谈论的资格不够，也根本不在乎成功与否。这类人也有获得成功的可能，只是他们追求成功的痛苦过程，在别人眼里是得不偿失的。

- **自信程度最低者：** 这类人想成功是很难的，他们总是觉得自己各方面都不如别人，做任何事情都“怕”字当头，他们如果想成功，必须改变自己的这种心态。

我们测试自信心的目的就是清楚自己自信能力的强弱，然后想办法进行修正心态，提升自信。那么，如果一个人清楚自己自信心不够，就应该寻找原因，分析自己不自信的由来，然后，在生活和工作中，树立良好的心态，从一点一滴的进步中，给予自己肯定，从而建立起自信并使它逐步得到提升。

如果能在生活和工作中积极改变不自信的心态，就一定能取得一定的收获。

关于情商自信心的测试题有很多，大家不妨找一找，看看哪一种测试题更加规范、有科学性，然后对自己的自信心做一个小小的测试，看看你的自信程度在哪一个分数段，然后对照分析，以帮助你更加清晰地认识自己，继而提升自信，完善自己，为自己创造更好的未来。

4. 亲和力是评估情商高低的重要因素

生活中，有些人并不出色，但他的朋友却很多，出现这种现象的原因之一就是他具有很强的亲和力。所谓的亲和力，是指在人际交往中，一个人亲近他人的能力。影响一个人亲和力的因素很多，其中个性、品质、情绪和仪表等都对亲和力起着很大作用。任何时候，一个人的亲和力都是其生活幸福的前提保障之一。

如果一个人欠缺亲和力，就很难与他人和谐相处。如果销售人员欠缺亲和力，他的销售业绩就会很难提高；一个领导欠缺亲和力，就很难让员工从心里敬佩他。领导对于下属的最好管理是凭借威望，而不是权威。在很多情况下，威望管理会用较低的成本换取较大的利益。在员工眼里，领导的亲和力，就是一种对员工的认可和肯定，这样员工就会觉得自己是一个有用的人，因此，在工作中就会有动力。如果一个老师具有亲和力，就会让学生感受到亲切感和信赖感。老师的亲和度高，更容易让学生接纳他，那么他也就会更好地融入学生的学习和感情生活。一个没有亲和力的老师，会让学生对他产生很强的抵触、对立等负面情绪，对教学的有效开展十分不利。在人际交往中，如果一个人没有亲和力，他周围的人就不会愿意与之交流和交往……由此可见，亲和力缺乏，对于任何人来说，都不是一件好事。

在生活中，很多人忽视了亲和力的作用，或者说，他们也没有过多地去关注自己这方面的能力。他们甚至都不清楚，自己在人际交往中的阻碍来自哪里，又或者不清楚自己亲和力的程度如何。因此，即便人际关系一塌糊涂，也不知道从哪里入手去改变。

亲和力是人际沟通中起决定作用的一环。人际沟通顺利，才能有机会获得良好的人际关系。而人际交往的能力也是体现一个人情商水平的重要因素。所以，人们一定要清楚亲和力的作用，并对自身的亲和力能有深刻的认识，这样才会在方方面面获得更多的机会。那么，我们如何认识亲和力，怎样了解自己是否具有亲和力呢？

哈佛亲和力的测试，分简易测验和高级测验，每个步骤有三个部分测试。个性与亲和力的测验，包括气质亲和力测验和性格亲和力测验两个部分。在气质亲和力测验中，又包括对个人脾气的测验、气质类型的测验、自主性的测验、冒险精神与综合力的测验、性别的测验、个人乐观精神的测验。在性格亲和力的测验中，包括外向性程度的测验、说话表情流露性格的测验、从穿衣打扮看性格的测验、个性成熟度的测验、从点菜看性格的测验等。在哈佛亲和力的测验中，还有品质与亲和力的测验，这方面包括对自信心和意志力以及抱负水平的测验。另外，哈佛亲和力的测试中，还包括了情绪亲和力、仪表亲和力、家庭亲和力、异性亲和力、社交亲和力等若干测试。大家可以分项为自己逐一进行亲和力的测试，看看自己的亲和力度处于什么等级。

在这里简单地为大家介绍一下哈佛亲和力测试的最简易测验。

测试说明：请仔细阅读问题，并将你认为最好的选项选出来，以此来判断你的亲和能力。

测试如下：如果有一幅自画像可以一直保留下来，并在人像艺术画廊中垂挂，供人欣赏的话，你希望用什么样的媒材来做这幅画？

（1）油彩。

（2）炭笔素描 。

（3）水彩 。

（4）粉彩。

● 选择（1）的人：这类人大都是豪华宴会的常客，由于他们天生具有无穷魅力，加上懂得如何将自己的特色展现出来，因此，很轻易地就能吸引众人注目。这类人在公众场合中如鱼得水，他们不停地穿越在人群之中，给每个人都能留下深刻的印象。无疑，他们是社交的高手。

● 选择（2）的人：这类人大多比较真实，不论在什么场合，他们都更愿意能以自己本来的真实面目示人。在说话方面也不很讲究措辞，对外表也不会很在意，比较随性。他们待人诚恳、性情洒脱，又常以一身轻装示人，所以留给他人的印象是有着很强的独特的个人风格。对于此类人，人们对其评价显现出两种不同的态度，一种是对这样的性格不是特别欣赏；另一种是觉得他们很碍眼。

● 选择（3）的人：这一类型的人总是喜欢将朋友请到家中，举办一些小型的个人宴会，以享受温馨的感觉。在他们举办的聚会上，大家都能感受到一种宾至如归的感觉，而且和这样的人在一起没有拘束感。他们懂得如何掌握气氛，大家如果有什么问题，他们也能够去积极地帮助解决，为朋友在扩展人际关系网络方面尽一份力。

● 选择（4）的人：这一类型的人不像那些魅力四射的人，能很吸眼球，但也不会被大家轻易地忘记他们的存在。他们在任何场合都不会表现得特别突出，虽然不是主角，但每次大家都会记得找他们。他们不是那种喜欢用各种手段故意引起别人注意的人，而是非常好的观众，对朋友能够付出真诚的关心，给他们温暖的感觉。有这种人在的时候，大家相处的气氛一定是和谐的，因此，和这样的人在一起是可以解除郁闷的。

通过上面的小测验，人们可以大致对自己的亲和力有一个浅显的认识。当然，想要对自己了解得更多，还需要进行一些更复杂的测试，同时，大家也应该懂得，任何测试所下的结论都不能足以概括和包含一个人在某方面具备的所有特点，而且有时也会有失偏颇。这需要个人认真体察，从而找到正确的修正自我的途径。

5. 应变能力是高效能人士的必备素质

顾名思义，应变能力就是当状况突然发生时，人们所表现出的对事情的处理态度和方式方法，也就是在外界事物发生改变时，人们对其所做出的应对手段。应变能力表现在这样几个方面：能审时度势，做到随机应变；能产生应对变化的策略和创意；能在变动中认清方向并持之以恒。

应变能力无疑是体现一个人情商水平的因素之一，它对于一个人的个人发展的作用是非常大的。人们要在社会中生存，就需要做事，需要选择从事的职业，而一个人在选择职业时，对于自己的应变能力也应该给予充分考虑，而不是只需要考虑客观条件和个人兴趣。如果应变能力强，就可以选择需要灵活反应的工作，如推销员、调度员等。因为，这些工作对人的应变能力要求比较高，它需要从业人员具备良好的调节能力。而相对于那些比较细致、持久的工作，如财会、精密仪器等，对从业人员的应变能力要求就相对会低一些。

由于个体差异，每个人的应变能力不尽相同。心理学研究发现，一个黏液质的人要比多血质的人的应变能力高一些。这可能是先天因素所起的作用，但应变能力的强弱，与后天的因素也密切相关，如长期处于安逸环境工作的人与长期处于紧张环境工作的人相比，后者的应变能力就强一些。

应变能力在当今这样快速发展的时代，对每个人来说，都是必须具备的能力之一。而作为一个领导者，就更需要具备很强的应变能力。因为，他们的一个决定往往关系到下面执行这项任务的所有员工，而且对组织后续的发展与成败，也有非常大的影响。现今社会，随着科学技术的进步，各行各业对管理者也提出了更高的要求，其中应变能力在领导活动中显得非常重要，因为一些突发、危机和棘手事件很可能会使组织陷入危机状态。因此，如何成功处理这种事态就成了管理人员不可回避的问题。由此可见，作为一个管理者，更要加强自己的应变能力，以满足组织发展、社会发展的要求。

那么，如何了解自己的应变能力，并采取相应的手段进行提高呢？目前，针对管理者应变能力的检测，哈佛大学已经有了一套很好的测试方案。这套测试方案包括两个重要环节：

其一，针对应付突发事件能力的测试。这一环节中有两个测试项，一项是应变能力测试，另一项是应变能力指数测试。

其二，应付困境能力测试。在这个环节中也包括两个测试项，一个是应付困境能力测试，另一个是应付挫折能力测试。

下面为大家介绍其中的一项测试，即应付突发事件的能力的测试。

突发事件是指突然发生的敏感或重大事件，因无先例，所以往往没有经验可以借鉴。它既具有模糊性，又具有重要性。突发事件对组织的安危会造成很大影响，因此，当突发事件出现后，组织中的领导者应及时做出应对策略，将事态的发展控制住，以避免组织陷入危机。

当一些让人难以预料的事情发生后，面对突然的变化，每个人的反应是不同的，有的人能做到冷静待之，积极采取应急措施以使事态发展得以控制，有的人则慌张失措，犹豫不决。下面给出10个意外情景，请你按照内心真实的想法说出你的应急反应。

（1）当你正走在一条僻静的街道上时，突然有一声巨响传来，这时你会有怎样的反应：

A.有一瞬间被巨响震住，但马上将注意力转向了声音传来的方向，并对发生巨响的原因作出判断。

B.听到声音后，吓得尖叫了一声，本能地向声音传来的方向望过去，尽管对巨响的原因作出了判断，但依然怦怦地心跳不止。

C.被吓得大呼小叫，心跳加速，两脚发软，不由自主地向四处瞧去。

（2）当你骑着自行车行驶在马路上时，突然看见对面发生了一起车祸。这时你会有怎样的反应：

A.立刻将自行车放下，穿过马路，看自己是否帮得上什么忙。

B.虽然有些怕，但还是走了过去，想看看到底是怎么回事。

C.一看到这种场面就被吓到了，所以根本不敢靠前，马上就离开了。

（3）每当电影、电视屏幕上出现罪犯正在行凶杀人的场景时，正在观看的你会是怎样的反应：

A.虽然感到震惊，但并不觉得恐惧。

B.感觉到挺可怕，所以立即将头转向一边，不敢看屏幕。

C.会认真观看，想知道究竟。

（4）当你去邻居家串门时，看到他们一家人正沉浸于悲伤中，原来他们家刚刚发生了一件不幸的事，这时你的反应是：

A.向这家人大致询问一下不幸事件发生的大概情况，然后安慰并想办法帮他们。

B.对发生不幸的邻居除了能说几句安慰的话，也不知该如何。

C.既不知道如何安慰邻居，也不知道能帮他们做什么，或者和邻居一起悲痛。

（5）一个拐弯处，正当你骑车疾驶到此，突然发现前面也有一人骑着自行车飞驰而来。这时你的反应是：

A.一边急刹车，一边提醒对方。

B.没等反应过来，就已经和对方撞到了一起。

C.迅速调整自行车方向，与对方错开。

（6）正当你全神贯注地思考如何处理某件事时，突然有人过来和你说一件事，而这件事与你正在思考如何处理的那件事一点关系也没有，这时你的反应是：

A.对来人说的事，只记住了一点点。

B.没顾得上听，所以根本没印象。

C.记得很清楚。

（7）平时你觉得自己身体还不错，可在体检时医生对你说，你的身体某部分出了毛病，需要手术治疗，对于这个消息，你的反应是：

A.心里忐忑惶恐，总是担心手术会出问题。

B.没有太多心理压力，相信医生能顺利帮自己完成手术。

C.听天由命。

（8）正在车间忙于工作的你，当发现有工友不慎触电时，你的反应是：

A.吓得两腿发软，呆呆地愣在原地。

B.马上将电源切断。

C.慌了手脚，想不起应该怎么办。

（9）在一个拥挤的公共场所中，有一个小偷正在将手伸进你的衣袋，你的反应是：

A.一般情况觉察不到，直到用钱时才发现自己的钱包已经不在了。至于什么时候、在哪里被盗的根本没有印象。

B.马上发现异样，察觉到可能被窃，并一举擒获小偷。

C.当时没感觉到小偷对自己行窃，不过在事后对当时被窃的情景能回忆起一部分。

（10）过节了，家人相聚在一起，为了丰富饭桌上的菜肴，家人让你将那只活蹦乱跳的鸡杀掉，你敢吗？

A.敢。

B.说不好。

C.不敢。

在这项测试中，A类答案：10~18分； B类答案：19~28分； C类答案：39~50分。

A. 此类人有很强的应急能力。对于突发事件具有灵活果断的处理能力，具有有胆有识之特性。

B. 这类人应急能力也可以。他们能对一般事故作出果断处理，但在大的或是特别的事故面前，处理能力却不是很好了。

C. 这类人非常需要加强自己的应急能力。学会冷静面对任何事物，是他们必须要学会的。因为，无论面对任何问题，只要内心冷静，才能让自己思路清晰，想出解决问题的良策，使损失降到最低。

应变能力的强弱虽然会受到天赋的影响，但后天的培养也是提高的重要途径。

附：敏感度测试题

1. 在任何情况下，你想到好主意后，认为：

A.马上实施这个想法。

B.思考几天。

2. 对人作出公正评价是：

A.初次见面。

B.进一步了解之后。

3. 不管在何时，当你与他人意见产生分歧后，你的反应：

A.立即进行反驳。

B.寻找可商议的问题。

4. 作决定时，你认为：

A.希望他人指点或忠告。

B.自己下结论。

5. 带着过去经验色彩的个人印象：

A.对直感起到好的指南。

B.对直感起到妨碍作用。

答案：1.B 2.A 3.B 4.B 5.A

答案分析：答对4道题以上：直觉度很高；答对3道题以下：直觉度相对来说较弱。

第二章

情商制胜：告诉你为什么情商比智商更重要

一个人的成就，20%取决于智商，

80%取决于情商

提高情商首先提升自我认知能力

同理心怎样为你的人生提供助力

自我激励是提升情商的一种重要能力

怎样让自己拥有自我情绪调控能力

不可否认，现今社会中，情商对人的影响已经越来越重要。因此，人们对它的关注度也是空前的高。基于情商对个人发展的重要性，人们自然有必要了解情商是怎样培养出来的，从而在生活中，利用各种机会加以训练，以提高自我情绪商数，为自己个人的发展提供助力。情商的培养不能只局限于某一方面，任何人都有他的优势和不足，这就要在情商的培养训练中，找到训练的侧重点，如缺乏同理心，就要加强此方面的练习；缺少自控能力，就要着重这方面的练习。对此，本章都有相关的训练技巧介绍，可以作为大家对情商培养训练的参考。当然，由于个体的独特性，学习和感受会各有不同，大家可以依据自己的特点，选择最适合的训练方式。情商的培养本就不是一朝一夕的事，除了一定的天赋外，想要拥有高情商，就要在生活中做一个有心人，善良、正直、有毅力，这样，再加上多次训练，就可以成为具备能管理好自我情绪、具有同理心、人际关系良好等特性的人，从而赢得多方助力，为个人的事业发展扫清障碍，实现自己更大的人生价值。

1. 一个人的成就，20%取决于智商，80%取决于情商

哈佛大学心理学博士戈尔曼曾经对美国一个中学的81位高才生进行过调查，这些学生的智商是全校最高的，他们在大学里的学习成绩也不错，但到30岁时，这些孩子并没有如研究者所期望的那样，获得卓越的成就，他们的表现很平常，大部分人只是过着平凡而普通的日子，其中只有很少部分人在自己所从事的领域，超过同龄人，达到很高的阶层，而大部分人的表现还不如智商一般的学生。这个调查可以表明，一个人虽然成绩优秀，但在面对人生的磨难或机会时未必会有与之相对应的反应。

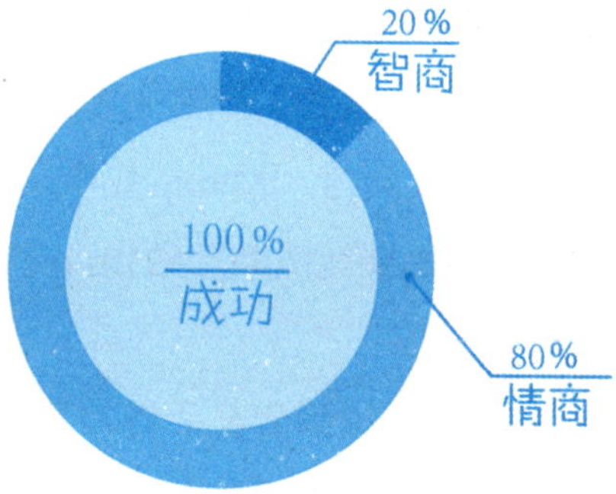

图2-1-1　情商、智商分配比例

换言之，那些智商高的人，有着极强的思考、推理和学习的能力，他们能够学得很快，考上好学校，提出极具创意的企划案，但对于自己的情绪了解就未必很清楚，忍受挫折或在人际关系的处理方面也无法保证做得好。当一个人面对困境和人际交往问题时，如果无法控制自己的情绪，或沮丧不能振作，或不能妥善处理人际关系，都难以适应其所生存的环境，导致个人情绪影响事业向更高层次发展。情商就是一个人的情绪商数，

是自我情绪控制能力的指数，现在情商已经被纳入心理学范畴，而“信心”、“乐观”、“恐惧”、“焦躁”等一些情绪反应的程度，就是一个人智商的表现。由此可见，对自我情绪的控制能力越强，就越容易获得成功，成为天才级人物。现在很多国家都对“信心、乐观、恐惧、直觉”等非智力范畴的个人素质给予了高度关注。

因此，人们经常会听到这样一句话：“一个人的成就，20%取决于智商，80%取决于情商。”情商的本质是个人识别，对自己以及他人情绪的表达，处理与他人关系中的情绪能力，还有对自我的激励。情商高的人往往有很好的情绪掌控能力，不是强迫自己的情绪，而是找到一个令自己和别人都可以接受的方式，将自己的情绪表达出来，同时，也懂得照顾他人的情绪，选择一个合适的时机和妥当的解决方法。另外，高情商的人在决策和作判断时往往不会受情绪影响。

美国一家很有名的研究机构，对188个公司的高级主管的智商和情商进行了测试，并将这一测试结果和其在工作中的表现联系在一起，进行了综合分析。结果发现，对这些人而言，情商的影响力远远大于智商。也就是说，一个智商略逊的人，如果其情商指数很高的话，是一样可以获得成功的。

关于情商，心理学家曾多次说到要善于与人交流，富有同情心和同理心，即能做到将心比心。对自己的素质、潜能、特长以及不足等有清醒的认识，在社会生活和工作中找到准确的定位。在心理学的理论下，情商高的人，在可以克服的挑战面前，有十足的勇气去迎接，在不可以克服的挑战面前，也能心态平和地去接受自己能力不可为的客观事实。而且，对于能克服的挑战及不能克服的挑战，他们有足够的智慧去分辨。

“智商使人得以录用，而情商使人得以晋升”，这是美国企业界人事主管的普遍认识。新泽西贝尔实验室的一位经理，按照上面的指令，将其手下工作绩效最佳的人排列出来。在他所列出的名单中，工作绩效被认为最好的，不是那些具有最高智商的人，而是那些情绪传递得到回应的人。

这也说明，与那些性格孤僻、在社会交往方面不灵的天才相比，能够和谐与同事相处的员工更容易获得为达到目标所需的合作。有研究者发现，很多昙花一现的管理人才，之所以不能持续地发展，往往不是因为技术上的欠缺，而是在于人际关系方面的不足。

既然情商如此重要，那人们是否有办法通过后天的努力去提高它呢？研究者表明，情商和智商不同，它不是天生的，而是后天可以培养的。如此，人们就可以通过一系列的训练来提高自身的情绪商数。一般情况下，人们往往并不能全面、正确地认知自己，无法知晓自己的情商水平，这时人们不妨从以下几个方面去考察：自知之明能力；自我情绪调控能力；自我激励能力；交际能力；将心比心能力。可以对每一项进行答题测试。

● 其一，对于自知之明这一项，应该了解的是，个人对自身情绪、长处与不足、需要以及冲动等有深刻的认识，就是他的自知之明能力。拥有自知之明能力的人，能清醒地把自身能力和周围环境或平台的作用区分开来，为自己找到合适的定位。

自知之明能力强的人，对自己与他人都能以诚相待，不会对他人过分挑剔，也没有不切实际的奢望。

自知之明能力强的表现还有，能及时感应周围人的情绪，也不会让自己的情绪去影响他人和自己。

● 其二，自我情绪调控能力，因为人是容易被情绪所左右的，所以要明白对自我情绪的调控。

自我情绪调控能力强的表现为，平时情绪能够保持相对稳定。一般的成功人士，大都比较平和、镇定，很少会大声吼叫。

● 其三，自我激励能力。这种能力指的是，当一个人遭受挑战或挫败后所具备的重新振作的能力。

自我激励能力强具有这样几种表现：不轻言放弃的执着精神，具有对生活的高度热情以及旺盛的生命力。

● 其四，交际能力，也就是与人打交道的能力。

交际能力强的人，往往都是豪爽派，在人群中比较活跃，能很快与人结识，因此他们的朋友很多。

● 其五，将心比心能力，说到这个，大家都能明白，就是能站在他人的立场去看问题，去感受一些事。

凡事能将心比心的人，自然能与周围的人和谐相处，不与人轻易产生摩擦，这样的人当然能让人愿意与之交往。通常，他们提出某种建议或者方案时，他人往往更愿意接受和采纳。

如果大家对自己的情商不够了解，可以从这些方面入手，来认识自己的情商，从而有的放矢地去进行训练，提高自己的情绪商数，使自己向着人生目标更进一步。

2. 提高情商首先提升自我认知能力

现代社会，人们大多更加注重情商的作用，因为高情商的人具备更好的协调能力和决断能力。在社会生活中，仅仅拥有高智商是无法完成更多的工作的，而拥有高情商的人，则更能在各种领域中发挥出最大作用，成为优秀的社会管理人才。

自知之明能力是高情商的一个重要参数，因此，想要提高自己的情商，一定要了解自己到底有着什么程度的自我认知能力。

一个情商高的人，自知之明能力一定是很强的。也就是说，对自己的能力既不会判断过高，也不会低估自己的潜能。当一个人对自己的能力判断过高时，很容易变得浮躁、冒进，无法顺畅地与人合作，而一旦遭受挫败后，就会产生强大的心理落差，对事实不能客观冷静地对待；当一个人低估了自己的能力时，就会欠缺承担责任的勇气，在工作中表现为畏首畏尾，没有主动请缨的积极性，从而坐失很多良机。

自知之明能力强的人，既能够在必要的时机展示自己的才华，也不会故意掩藏自身的不足。向别人展示自身不足并求教于人，并不会使自己的身份有所降低，这是一种成熟、自信和真诚的表现。拥有这样能力的人，不会在遭遇挫败后轻言放弃，取得成绩时也不会沾沾自喜。

当一个人能够拥有正确认识自我，对自我价值做出准确定位的能力时，不仅可以帮助自己找到合适的发展空间与方向，也能在团队中起到协调的作用，帮助团队伙伴做到各司其职。

既然自知之明能力强大是情商高的一个重要因素，可以帮助自身创造更大价值，那么人们如何让自己拥有这样的能力呢？我们已经知道，情商是可以通过后天训练获得提升的，因此，也一定能够找到一种方法帮助我们获得这样的能力，使我们的情商向前迈进一步。

那么，我们如何来评估、分析和促进自身所拥有的这项能力呢？不妨借鉴以下几种方式：

（1）用自传体方式书写自己一路成长的经历。如果文采好的话，可以写得生动一些，最好能感染自己（这需要将自己的生活做一个记录，可以用记叙文的形式记录个人历史）。比如，讲述自己的家庭、教育背景，自己的爱好兴趣，过去生活中发生的事件、结果以及它带给你的感受，个人不断发生的变化等。

（2）养成写日记和周记的习惯。这样在经历一些特殊的阶段时，就能将那些事情和自己作出的决定，还有为此所耗费的事件全都记录下来。我们可以将生活和工作的事情都做一个记录。另外，也可以培养记录白日梦的兴趣，把自己曾经做过的一些白日梦记录下来。这些毕竟是我们美丽的幻想。

（3）为自己写一份退休感言。每个人都有老去的时候，这是自然规律，为自己写一份将来退休时会用到的感言，如果愿意的话，写出自己觉得可能会被他人记住的事情，或者他人对自己的评价。

（4）做一份有关财产的表格。列出两张清单，一张写明财产或者自身优点；另一张写明债务或者自身不足。在做这件事时，应将背景情况和行为描述清楚，这样才能准确地完成个人资产和债务评估。

用书面或者画面的形式，将自己眼下的生活方式展现出来，运用这一方式，可以鼓励个人用实际行动将其实践出来。

（5）对重要的有价值的工作进行罗列。对一些自己认为重要的或者与之有相关性的价值罗列出来，并对这些做一个合理性的排序。这些价值大致包含社会贡献、帮助他人、金钱、财务安全、自控力、自我提升及精神刺激等类别。

（6）征求反馈意见以及自己对他人诚恳的反馈。他人的反馈也是自我获得认知的一个好方法。而我们对他人的诚恳反馈，也可以帮助我们获得他人的诚恳评价。让我们在没有表明自己的态度时，有一个足够信任的人可以求助。一旦遇到麻烦，就可以问他“我错了吗？”或者“我是不是疯了？”这个人可以是亲人，也可以是好友或者同事。总之，是我们认为可以征求意见之人。

不管是正式的还是非正式的反馈过程，都可能为我们提供一次有效的自省机会。在一些组织里，组织内的成员就为他们的管理者提供360度的反馈，让自己从上下级以及同僚中获得反馈信息，从中洞察到自身的优势和不足。

获得可信反馈的另一个途径是支持小组。比如，男人组、女人组、夫妻之间，都可以互相诊断，还有不同背景的陌生人组成的支持小组。因为大家只是偶然见面的认识，鉴于这样一种有别于同事和亲密朋友的关系，他们往往会与你分享更多的秘密，所以也可能为你提供可信的反馈资源。

通过种种反馈形式，你会了解自己在他人心中的印象，清楚别人是如何看待自己的，以及你的存在对他人的影响。当你了解了这些后，你就会接受自己的特点，并积极地对其进行利用，使你的长项得以尽情发挥。反思可以让人从中学到很多东西。当我们有意识地去做这种训练时，不论是运用写日记或博客的方式，还是通过别人的反馈来做自我反省，都能够加强自我认知能力。除此之外，还有另一种了解自己的方式，那就是分析。也就是说，通过分析的方式对自己作出正确的评估和鉴定。不管什么时候，只要你作了一个重要决定抑或是采取了关键措施，你都要把你所期望的结果记录下来。每隔一段时间，进行一次比较，看看实际发生的结果和你所期望的有什么不同。如果能一直坚持这样做，你的优点和不足便被记录了下来。同时，还有你做成功的事和没能完成的事。这个记录还会将你在哪个领域并不擅长，或者没有优势，或者不能很好地执行显示出来。

了解自己在哪方面有所擅长，我们才可以专注于自己的长项，尽最大能力将其发挥出来以取得最好的结果。同时对于自己的优势还可以提高、完善，弄清楚自己还需要获得什么技能，并为此去补充一些额外的知识，使自己的特长真正成为优势。通过对记录的查看，你也会发现，自己某个不好的习惯是阻碍好的行为不能得以顺利实现的因素，它使你难以起到“润滑剂”的作用。通过这样的方式，发现自己对某些领域的确没有天赋和兴趣，那你就不用再将时间和精力浪费在你所不擅长的领域。因为你花费再多的时间，充其量也只能在自己无法胜任的领域做到一般，而在自己擅长的领域提高到一流水平所花费的时间比这要少得多。

提高自我认知，还有一种自我评估问卷解读的方法。其优点是我们可以在自我掌控下去使用，而这也是它的缺点。即自我评估带有主观性，是从自我角度出发，因此，难以避免偏见和自我保护意识存在。所以，运用这种方法作自我评估时，要对评估结果进行检验，可以通过向其他人征求反馈意见，对评估结果的可信度加以分析。

3. 同理心怎样为你的人生提供助力

同理心就是一个人善于体察他人的意愿，并愿意理解和帮助他人。毋庸置疑，这样的人是很容易获得大家的喜爱和信赖的。过去，人类文化只是将这一特性作为一种思维方式或道德标准，而对于它在个人发展方面的重要性，并没有进行过阐述。其实，同理心是人际交往的基础，在人际交往中起着至关重要的作用。而且，同理心已被纳入心理学范畴，成为情商指数的一个参数。

体现一个人情商指数高的参数同理心也叫换位思考，就是站在别人的角度去考虑问题。拥有了同理心，就可以与他人建立有意义的、令人满意的联结，它是建立爱的关系的关键，是创造亲密关系的重要因素。一个拥有良好同理心的人，能更好地去感受并理解他人的行为和处事方式，而且与对方交流时，不仅能清楚其表达的内容，还能深刻理解对方隐含的真切意图。因此，良好的同理心是与他人进行顺畅沟通的必要条件。社会学家发现，同理心是社会化中的一个重要环节，而个人成功发展的前提也正是社会化。

有人的地方就会有冲突。通常，发生这些冲突的原因很简单，无非是彼此之间的误解，或者情绪过于激动，或者由于各执己见不肯退让等。其实，如果人们懂得运用同理心，在生活和工作中是完全可以避免这些冲突的。如果当事人置换一下角色，将对方当成自己，设身处地地去感受、体谅他人，问题就会迎刃而解。正因为有了同理心，人们才不会处处对他人进行挑剔、抱怨或是讥笑，而会用另一种方式如赞赏、谅解、扶持等来对待。这样，人与人的相处自然就变得和谐起来。

之所以说同理心对一个人的发展极为重要，主要是因为人们会对具有同理心的人给予信任。大家知道，在良好的人际关系中，信任是基础。这里的“信任”说的是对人格、态度或价值观方面的信任，而不是对个人能力方面的信任。因此，如果在人际交往中缺失同理心，彼此之间的信任也是不容易建立的，没有信任，人际交往自然不会顺利，更不要说在分工协作的现代化社会中取得成功了。

有了同理心，彼此才能相互信任，因此，在人际交往中展现出自己的同理心，才能建立信任关系，让对方感觉到你是值得信任的人。当然，这是一个不断深化的过程，需要慢慢来，你对他人所表现出的诚意越多，比如由衷地去倾听、体谅、尊重他人，他人也会报以同样的真诚和信任。这样，彼此间就会形成一个良性循环，交往也自然会非常顺利。

由此可见，同理心并不只是为了理解别人，也是为自己能够获得他人的理解。当然，所谓的同理心，也并不是说要你去迎合别人的感情，它的真正意义是要你能对别人的感情给予理解和尊重，在处理问题或作出决定的时候，对他人的感受及其可能带来的影响给予充分考虑。

既然同理心对于个人的发展具有如此重要的作用，而且，运用不好还会带来负面影响，那么我们应该怎样培养同理心，合宜地运用它，使之帮助自己创建更加良好的社会关系，继而为自己的人生提供助力呢？

首先，要了解同理心的个人特质。主要包含以下几点：

- 将心比心：站在当事人的角度去思考问题，理解、感受和体谅他人，并将这种处事方式应用于生活和工作中，作为与人沟通的基础。
- 感觉敏感度：对自我和他人的情绪、感受有着较高的体察能力，可以从自己与他人的表情、语言和肢体等方面，准确判断出情绪与情感状态。
- 同理心沟通：运用同理心，会使倾诉者愿意对你倾诉，也会让倾听者愿意听你诉说。
- 同理心处事：要“投其所好”，用对方感兴趣的方式去做他认为重要的事。

如何让自己做到具有同理心呢？

（1）做事时要先替别人着想，且要懂得这样一个事实：我如何对待别人，别人也会怎样对待我。

（2）能理解他人：想要得到别人的理解，首先自己要能理解别人，只有将心比心，才会被人理解。

（3）要学会从别人的角度来看待自己，发现自己的不足，树立自己在他人眼中的形象。

（4）想要建立和谐的人际关系，就要懂得尊重别人，这也是赢得别人尊重的路径。

（5）做一个真诚的人——每个人都讨厌虚伪。

（6）多一些真情流露，才能得到真情回报。

这些虽然看似简单，但未必人人都能做到，同理心的养成不是一朝一夕的，这要在生活中不断地训练自己，让自己养成这样的习惯。那么，同理心是怎样养成的呢?

（1）在与人交往时，先把焦点放在他人的利益和需求上。也就是说，必须要为某件事和对方产生同理心时，做到能抛下自己的利益和需求。

（2）情感成分是同理心不可或缺的部分，所以，要有同理心，就要为对方感到“心疼”。无论对方因为什么让自己承受了委屈、痛苦、煎熬等，你都能设身处地地想象自己在面对相同境遇时的感受。这样，你就可以意识到对方的经历，并给予相应的情感回应。

（3）先不要下定论，不要忙着批判对方。同理心是反实际的，当你面对对方时，如果一门心思地只想着去帮助他解决问题的话，你就不会融入他的感受中，不能感知他面对那个问题时的主观感受，从而错过与之产生同理心的机会。而且，一般情况下，正处于苦痛状态的人，他想要的并不是倾听者帮他解决问题，至少暂时没有这个需求。他那时的动机，无非就是找个人倾诉一下，来缓解内心的苦痛。当然，倾诉人的观点，你可以不同意，但在产生同理心的过程中，你必须将自己的分析和评价抛开，这样才利于你看到他的主观世界。

（4）适时互动。当倾诉者向你倾诉时，你要适时地与之互动，让他感知到你融入了他的故事中。比如，你可以说：“这是他说的？他怎么能对你说这样的话？”“你的反应是对的，他知道后是什么态度？”等。要有同理心，就必须向倾诉者发问，促进他继续自己的讲述，使你对他获得更多的理解。

（5）用心聆听。只有用心聆听倾诉者的话语，你才可以适时作出反应，让他的讲述继续下去。而且，只有用心聆听，你才能了解对方的苦痛，对之感同身受。

（6）可以适当自我披露。自我披露的目的是让自己的主观世界接近对方的主观世界。在倾诉者讲述的过程中，你可以适量地说一些自己的事，当然要与他的讲述有一定的关联。可以通过对自己的经历简单描述，达到与对方产生共鸣的效果。

养成同理心是需要不断练习的，这样才能培养良好的习惯。生活中锻炼同理心的机会很多，只要用心就一定能做到。

同理心沟通是基于对他人情绪的正确体察之上的。有了对他人情绪的正确认知，才能对症下药，以对方最容易、最愿意接受的方式，表达出你的观点和感受。你的鼓励、赞赏、支持、同情，都会让对方对你产生信任感，从而向你敞开心扉，倾诉自己的一切，或者是听从你的建议和指导。

只有站在他人的立场，才能了解到当事人的真切感受，从而找到与之顺畅沟通的途径，帮助他解决目前所面临的问题，或是表示出自己对他的理解、同情和尊重，从而取得对方的信任，赢得人际交往的良好局面，为自己的发展提供助力。

4. 自我激励是提升情商的一种重要能力

英国作家萨克雷说："生活是一面镜子，你对它笑，它就对你笑；你对它哭，它就对你哭。"这句话所要表达的实际上就是"自我激励"的含义。

自我激励就是一种激发行为动机的心理，使个体在这种心理的影响下，能充满激情地投入工作，迎接挑战，做出不平凡的业绩来。

自我激励是提升情商的一种重要能力，这种能力也是一个人获得成功的必要条件。自我激励，可以把人们潜在的、未知的、惊人的能力挖掘出来，它能使深陷低谷之人，走出自暴自弃的死亡心理峡谷，成为主宰自身命运的主人。

人生最可怕的事就是自己放弃自己，而放弃自己的最大原因就是缺乏自信，对自己的能力产生怀疑，觉得自己做不成什么事，于是，接受了这样的暗示后，就真的导致自己一事无成。而拥有自我激励能力的人则恰恰相反，他会不断地激励自己，告诉自己可以成为怎样的人，并为此不懈努力，这样的思维方式，是将强大的正能量不断向生命体注入，从而使个人充满自信、激情和活力，向着既定目标不断前行。

古希腊神话中有这样一个故事：一个叫作西齐弗的神，因为触犯了天庭的法规，被罚至人间受难。每天，他必须将一块石头推上山。可是，被他推上山顶的那块石头，每次在他回家休息的时候，都会自动滚下山来。于是第二天，西齐弗又得推它上山。这就是天神对他的惩罚，也就是让他深陷于"永无止境的失败中"，以使他承受心灵的折磨。

然而，西齐弗对此根本不会在意。在他看来，这不是受苦受难的命运安排——他认为推石头上山是他的责任，而石头从山上滚下来，却不是他的失败。所以，面对这种情况，他的内心是平静的，而且他也从未因此丧失信心，每天一如既往地推石头上山，履行自己的职责。天神看到这种折磨西齐弗的办法难以奏效，于是又将他叫回了天庭。

从这个故事中，我们可以得出这样的结论：坚持下去不放弃，就自有天助。拥有自我激励能力的人正是这样，他们往往不把困难和失败放在心上，只是时刻告诉自己做下去。凭借着这种坚持，他们走到了最后，采撷到了成功的果实。

当然，遇到挫折、失败和遭受到突如其来的打击时，人们很容易产生挫败感。其实，这是很正常的事。心理学家认为，这是个体在从事有目的的活动时，遭受阻碍或干扰后的一种情绪状态的表现。这种情绪状态的波动性比较大，一方面可能会出现情绪一落千丈、无法振作的情形；另一方面也可能会愈挫愈勇。而高情商的人，就会在遭遇挫折后成为后者，因为他们是拥有自我激励能力的人，他们对自己有着足够的信心，所以他们更容易达成目标，取得成功。

自我激励能力是高情商的重要体现，是一个人成功的必要条件，因此，拥有这种能力对人们来说至关重要。而这种能力并不是专属的，每个人都可以拥有，只要人们意识到它的作用，并愿意让它成为自身的能力，就可以获得。那么，要如何去做呢？

● 当情绪陷入低谷时需要自我激励。

“情绪低谷”就像蝗虫一样，可以瞬间将你的理智冲散，使你失去控制，掉入情绪黑洞。这时，你要马上开启自我激励模式，将自己从不理智的边缘拉回来，恢复镇定自若。

● 遭受挫折时需要自我激励。

为了一个项目，你不知道花费了多少精力，本以为它可以为你带来晋升加薪的机会，结果你的项目却被老板否定了，你的竞争对手荣升为你的上司。这时，你的心情如何？或许一下子失去了人生的方向，不知道自己何去何从，认为自己无论怎样努力都无法做得更优秀，因而，你觉得还不如放弃努力，做一个平庸之人。

如果你正遭遇这样的经历，你就要小心了，因为你正处于危险情绪的边缘。所以，此刻你必须做的是激励自己，将自己从坏情绪的旋涡中拯救出来。要告诉自己：没关系，这是对自己的一次历练机会，是成功路上的一块垫脚石。

● 缺乏信心时需要自我激励。

信心对于每个人来说都很重要，拥有信心，我们才敢于去做我们想做的事，是它给了人们不断进取和发展的动力。有人说，人的信心就像汽车的汽油，当汽车飞奔于公路上时，汽油会在不断的消耗中变得越来越少。我们也是这样，在前进的过程中，总是会遇到各种棘手的问题，使我们一次又一次地面临各种挑战，因此，我们总会有感到信心不足的时候。

发现自己信心不足时，我们就要及时地对自己进行激励。这时可以大声地鼓励自己，告诉自己“你很棒”，也可以在心里默不出声地对自己给予激励。

最好每天都对自己进行有效的激励练习，如此，才能使自己的信心不断增强。

● 关键时刻需要自我激励。

关键时刻最需要自我激励，当你一遍一遍地暗示自己你很棒时，你就真的能优秀起来；当你认为你不能很优秀时，你就真的优秀不起来。心理学研究早就表明：适当地给予自己积极的暗示，会使一个人产生勇气和自信，从而获得意想不到的惊喜。

● 自卑失落时需要自我激励。

对于一个人来说，自卑的害处非常大，因为它所产生的心理状态是对自我的一种设限拘束。一个自卑的人，整天生活在自我否定和自我打击的状态中，有人觉得自己笨嘴笨舌，就不敢尝试自己想做的事，放弃努力的机会，这样，自然也会错过与人竞争的大好时机。因此，不断地怀疑自己的能力，会使自己的勇气渐渐消失殆尽。

如果你是一个自卑之人，你就必须对自己不断地进行自我激励，告诉自己“尺有所短，寸有所长”，你也有自己的优势，别人也有他的不足。而且，任何事物都是对立存在的，也许你在这方面的不足会成就另一方面的优势。如此不断地暗示自己，久而久之，你就会走出自卑的阴影。

有专家发现，一个没有受过激励的人，其能力的发挥仅有20%~30%，但是当他受到激励时，他的能力可以发挥到80%~90%。也就是说，一个受到充分激励的人与其没受到激励前相比，能力的发挥增加了3~4倍。由此可见，个人的自我激励作用是十分强大的，所以我们应该不断地进行自我激励，以使自己的能力发挥达到最大化。

5. 怎样让自己拥有自我情绪调控能力

现代研究发现，自我情绪调控能力是情商高的表现之一，而且自我情绪调控能力对个人的发展会产生重要的影响。

情绪指的是一个人受到某种内在或外部的刺激后，所产生的一种身心激动状态。一个对自我情绪能够妥善处理，并且又可以对别人情绪体察细微的人，也一定是能用理性控制冲动的人。这样的人是很容易在社会上获得很好的发展的。相反，不能用理性控制冲动的人，则会成为一个容易受控于情绪、任性而很难与他人相处的人。这样的人毋庸置疑，就算他的知识渊博，能力很强，也会因不懂得自我情绪掌控而陷于孤立，失去更多施展自己才华的机会，无法实现自己的抱负，从而产生怀才不遇之感。因此，管理好自己的情绪，可以说是一个人是否能成功发展的一个重要环节。这就需要人们拥有情绪管理的能力，也就是自我情绪调控的能力。

人的一生中，负面情绪会占据多少呢？美国心理学家南迪·内森通过一项研究发现，一般人处于情绪不佳状态的时间为十分之三。可见，人们是常常需要与负面情绪作斗争的，否则，就会成为情绪的奴隶，自己的生活被它左右。

美国心理学家彼得·萨洛维和约翰·梅耶于1990年提出了情绪智力，其含义是一个人对自我及他人情绪的监控，并且它具备正确识别、运用这些信息为自己的思想和行为作指导的能力。

自我情绪认知能力，就是在自己的某种情绪刚刚露头时，就能被自己觉察的能力，它也是情绪智商的核心。对情绪的变化时刻进行监控的能力，也是一个人自我理解和心理领悟力的基础。如果一个人没有认识自身真实情绪的能力，必然要受到情绪的左右。所以说，人们必须了解和懂得，什么是情绪以及它的表现是怎样的，只有这样，我们才能觉察出自己真正的情绪。有了这样的能力，就可以从自己曾经有过的情绪中找出情绪产生的原因及其所带来的后果，从中了解到它对自己的作用和影响，以便更加有意识地增加对来自内外及中间领域的体察，以及对每天情绪的记录和整理。通过这样的做法，增加对自我情绪的认识与观察，进而正视和理解情绪，学会做情绪的主人。

在人际沟通中，情绪扮演着重要的角色，情绪表达如果正确，既可以让你将自我感受抒发出来，也能够让别人更了解你，还能够使你对他人更加了解，从而更加真诚地与他人相处，使彼此的关系变得更加亲密牢固。如果情绪表达方式不正确，往往会让本来就比较紧张的人际关系变得更为紧张，这样就会造成彼此之间防御过强的局面，导致无意中伤害到对方，或者自己被伤害，加剧彼此的关系破裂。为此，学会觉察情绪和恰当表达情绪是很有必要的。那么，具体应该如何去做呢？要在平时的生活和工作中多留心自己和别人的情绪变化。其具体方法可以参看以下几点：

第一，注意自己的情绪及变化的缘由。

这要求个人时刻提醒自己注意，“我现在的情绪是什么？”如，你和别人约好了见面，对方约会迟到，你对他冷言冷语，这时，你就要问问自己：“我为什么会是这样的态度？我现在的感觉是怎样的？”如果体察到自己对朋友几次三番的迟到很生气的话，你就可以对此作出更好的处理。人是有情绪的，不要不承认，更不要压抑情绪，因为那会带来不好的结果，学着体察自己的情绪，是情绪管理的第一步。

第二，将自己的情绪用适当的方式表达出来。

还是以朋友约会迟到为例，你之所以生气可能是因为他让你担心，在这种情况下，你可以婉转地告诉他：“你过了约定的时间还没到，我很担心，怕你路上发生意外。”试着把“我很担心”的感觉传达给他，让他了解他的迟到会带给你什么感受。什么是不适当的表达呢？例如，你指责他："每次约会都迟到，你为什么都不考虑我的感受？"当你指责对方时，也会引起他负面的情绪，使他变成一只刺猬，忙着防御外来的攻击。如此，两个人就会吵起来。

第三，学会舒解自己的不良情绪。

有些人尽管能体察到自己的不良情绪，但不知道如何舒解。其实，舒解情绪的方法有很多，可以放一段舒缓的音乐，让身心在流水般的美妙声音中得以放松；可以去散步，沿着河堤、江畔或是公园小径走一走，让烦乱的心绪在幽静的环境中慢慢平复；也可以与人聊天，在倾听与倾述或仅仅是闲聊中，让郁闷的情绪得以舒缓；等等。舒解情绪使心情好转的目的是让人以更饱满的热情去面对未来。

第四，要了解并且接纳别人的情绪。

这不是说要你同意他的情绪，而是允许对方产生情绪，你可以了解他的情绪，从他的立场去体会他的感受。

第五，正面情绪也需要表达。

这样可以使彼此的关系得以增进。将自己正向的情绪告诉对方，也会获得回馈，会使彼此的关系变得更加亲密。

自我情绪调控的另一个条件是对他人情绪的识别，这种能力的意义在于能够通过他人的非言语信息——声调、手势、面部表情等体察出情绪的变化。在人际交往中，要能够做到"感人之所感"、"知人之所感"，即能客观理解和分析他人的情绪，也就是能与他人的情绪产生共鸣。心理学家罗伯特·罗森塔尔认为，一个能识别非言语情绪的人，往往更容易受欢迎；一个能够"感人之所感"的人，更容易觉察到他人的需要，而平复自己的情绪也可以通过满足别人的需要来实现。

人际交往中，人们是通过言语与非言语两种方式来传递信息的。传达事实与思考性资讯的是前者，后者则比较能表达情绪与感受。那么，我们应如何面对他人的情绪呢？

其一，要学会积极倾听。倾听的过程中，不仅要听别人讲，还要听出别人想要表达的含义。倾听包含两个部分，即生理专注和心理专注。前者指的是，在交流的过程中，倾听者将身体向讲述者适度前倾，保持与对方的眼神接触，以轻松自然的姿势与表情倾听；后者则是积极倾听，也就是一方面要从对方那里听到口语表达之外的内容，即话语中隐含的深意，另一方面还要从他的肢体语言、声音的抑扬顿挫、面部表情等观察这些行为隐含的意义。

其二，要学会共情。“共情”，即是“感同身受”——站在对方的立场去感受其内心的感受和想法，并将自己的感受告诉对方。很多时候，一个人所说的话不一定能反映出他真正的情绪，而衡量一个人的情商水平，要看他的情绪敏感度。一个人只对自己的情绪反应了解是不够的，还要有识别他人情绪的能力，能站在他人的角度去理解、接纳并舒解对方的情绪反应。

拥有良好人际关系的前提是顺利沟通，而顺利沟通则需要自我情绪的调控能力做支撑。因此，若想实现这一目的，就要懂得识别自我和他人的情绪，并能用正确的表达方式将情绪表达出来，以达到听者愿意听、说者愿意说的境地，从而促进人际交往的和谐稳固，为自己赢得更多的支持和机会。

附：仪态测试题

请用“是”或“否”来回答下列各题。

在你眼里个人仪态是否重要？（ ）

你认为在参加社交活动时是否要换上合适的服装？（ ）

别人称赞你的容貌吗？（ ）

你对衣着服饰是否很在意？（ ）

你会吝啬于修饰、化妆方面的花费吗？（ ）

对于服装和饰品，在购买前会参看流行式样吗？（ ）

朋友是否觉得你具有和蔼的态度？（ ）

你的服装饰物的搭配，是否适合你？（ ）

你对自己的发式和清洁在意吗？（ ）

你对个人卫生很注意吗？（ ）

你是否会在每天晚上将脸上的化妆品清洗干净？（ ）

你穿的服装符合自己的年龄吗？（ ）

你对于指甲的清洁是否在意？（ ）

你会不会因为携带小纸巾和小镜子而感到烦恼？（ ）

你对自己的态度表现是否给予注意？（ ）

评分标准： 回答“是”得1分，“否”为0分。

结果分析： 13~15分：仪表很好；10~12分：仪表优良；7~10分：仪表一般；0~7分：仪表差。仪表一般、差者需要改进、修正。

第三章

情商开发：激发潜能，让你的情商强大起来

怎样开发乐观进取的能力

怎样学会自我安慰的能力

纾解压力也能提升你的情商

拥有激情才能使你拥有创造的动力

强烈而清晰的洞察力是把握机会的唯一要素

拥有从头再来的能力是激发高情商的重要过程

生命科学研究发现，人的能量绝不仅仅是表面上显现的那样，生命有着非常强大的能量，只是它深深地隐藏了起来，如果对它们进行挖掘，我们会发现自己原来有着无法想象的能力。在生活中，人们常常会因为某件事而变得惊慌失措，变得沮丧、懊恼、烦躁不安，而有些人则总是对自己的能力产生怀疑，缺乏应有的自信。比如，公司有一项极具挑战的任务，领导交给他，可他就是不敢接，无论别人说什么，他就认定自己做不来，白白失去一次挑战自己的机会。有些人总爱发脾气，人际关系因此受到影响，可他总是认为自己的脾气暴躁是天生的，没有办法改正。其实，这种认识是错误的，这些不足是完全可以通过努力克服掉的。就像那些成功者，他们身上也存在缺点和不足，只是他们能够清醒地认识到这一点，并用自己的毅力将自身的不足克服掉，使自己变得越来越优秀，这也是他们情商高的表现。如果你也能认识自我，能够克服自身不足，你也会变成充满自信，能与人和谐相处的高情商的人。但首先需要你懂得开发自己。

1. 怎样开发乐观进取的能力

生活中我们会经常遇到一种人，在他们的身上你永远看不到沮丧、绝望等情绪，他们就像太阳，浑身散发着温暖的光芒，总是情绪高昂地行进在人生路上。这种精神状态不仅能让他们取得一个又一个成就，还能深深地感染他们周围的人。毋庸置疑，这样的人具有很高的情商。他们总是让积极的能量发挥出更大作用，使自己远离那些负面的影响自我内心平衡的情绪。因此，他们才能够如此闪耀。

无论你的智商多高，如果你总是消极处事，缺乏乐观进取的态度，那么你也无法做出大的成就，甚至会一事无成。可见乐观与消极对一个人的影响有多大。所以人们常说，心态决定你的人生。尤其是当今社会，竞争很激烈，企业注重的是效率与品质，它要求员工必须具有忘我工作的激情以使企业充满活力，因此员工的心态便成了这一切的基础。如果把企业比作一台高速运转的机器，员工就是组成这台机器的零部件，而这台机器高效运行的前提便是各部位零件能很好地发挥作用。有一个部件出了问题，整台机器的运行就会受到影响，从而降低工作效率。基于这样的认识，任何用人单位对员工的挑选都会严格把守。

如果一个人在企业中，整天不是抱怨，就是消极怠工，不管怎样，总有不满情绪，那他一定不会在这个企业中长久地待下去，而问题的关键还在于，他的存在对企业破坏力极强。这种人的情商极低，在工作中总是被动的，往往是敲一下动一下，不会顾及工作完成的质量如何，敷衍了事是最明显的表现。

诚然，这样的人就算没有被辞退，他们也不会有多大的个人发展。他们更不会主动创业，开创出自己的一片天地。因为消极而失去了生命的活力，缺乏应有的投身于工作的激情，所以，他们注定是失败者。

那么要如何消除消极的情绪，开发出生命中乐观积极的因子，使自己也成为一个可以爆发的小宇宙呢?

在情商的理论概念中，自我管理是一种体现高情商的指数，而一个人努力消除消极思想和情绪，将自己变成一个乐观进取的人，就体现了他的自我管理能力。这样的过程也是情商开发的过程。

想要使自己成为乐观进取，浑身散发着温暖光芒的人，需要记住以下几点。

（1）远离带有负能量的人：在社会交往中，对于带有负能量的人要尽量远离，因为这样的人整天都被负面情绪控制着，不是抱怨不公，就是看什么都不顺眼，家里也好，社会上也好，网上也好，对于他来说，都不能让人开怀舒心。和这样的人待在一起，他的郁闷会无形中影响你的情绪，让你对社会缺乏安全感，从而处于紧张、悲观、防卫的状态。久而久之，你的正能量也会被他吸走，最终成为像他一样的人。显然，这是非常可怕的事情。

人的一生就是不断消耗能量的过程，能量消耗的速度如何，也需要自己的把控。多汲取一些正能量，能量场就会强一些。所以，你要远离给你带来负面情绪的人。

（2）做一个传递正能量的人：要多与拥有正能量的人在一起，因为大家都具有正能量，会一边吸收，一边释放，这样就能形成一种能量平衡状态。

（3）多学习知识和技能：所谓学以致用，通常情况下，我们学习知识和技能，就是为了提高自己的个人素质和社会竞争力。你通过不断的学习，掌握了比他人更强的本领，自然会有更广阔的空间等着你。伯乐还是很多的，如果你是千里马，一旦被伯乐赏识，你就会获得晋升的机会。

（4）学会自我表现：不要总是让自己处于被动地位，要学会适当地表现自己。当然，这种表现确是在具备某种能力的情况下，不然就成了哗众取宠。虽然谦虚是一种美德，但太过谦虚不仅会给人虚伪的感受，更主要的是埋没了自己的才华，失去了更好的发展机会。有了发展机会，才能担负起更重要的任务，从而在不断地战胜自我中，使自己的情商得以提高。

（5）增强参与意识：有了参与意识，才能使自己变得更加主动，更加有活力，也更加富于进取之心。不要总是做一个生活的旁观者，仿佛这世界的任何事情都与你无关。你边缘生活，生活也会边缘你。所以，不要做一个被大众忘记的人。

（6）要敢于尝试：在生活中不要做一个懦夫，什么都不敢尝试，有些事并没有你想象的那么难。人的潜在能量是需要激发的，当你尝试做某件事时，你就会调动起自己的思想，让大脑进入活跃状态，从而激发出你自己都不曾预料到的能量。要知道，敢于尝试才会给你带来信心。

（7）学会帮助他人：通常情况下，当你给予别人帮助后，别人也会对你作出友善的回应，这样就增加了你与他人互动的机会，而且是良性互动。这种互动会带给人美好的感受，改善你的人际关系，从而让你的内心充满正面情绪。良好的人际关系，会增加一个人的自信心，提高参与意识，同时也会让一个人活力大增，从而变得更加积极乐观，富于进取之心。

乐观积极的心态是一个人成功的关键，也是一个人生活质量的保证。虽然并不是每个积极乐观的人都能取得令人羡慕的成就，但人生的快乐正在于追求梦想的过程。因此，让自己拥有乐观进取的心态，就会获得人生的快乐，就有可能实现自己的梦想。

2. 怎样学会自我安慰的能力

任何人在一生中，都难免会遇到挫折和苦痛，当不幸降临，周围的人可能会愿意主动与你分担一些烦恼，但心理平复更主要的是靠个人的努力。同样一件不幸的事，发生在不同人的身上，带来的情绪困扰会有程度上的不同，而且痊愈的时间也不尽相同。有的人经历了挫折或苦痛后，需要很久才能走出阴影；有的人则能在短时间内让自己的内心恢复到平静状态，使生活重新进入正常的轨道。两者相较，后者的情商无疑要强过前者。因此，这样的人也往往比很难走出心理阴影的人更容易获得成功。毕竟在良好的心态下，才能更好地生活，更有效率地工作。所以，人们应该学会自我安慰的能力。具备这种能力，就可以将自己从打击和苦痛带来的不良情绪中走出来。那么，怎样学会自我安慰呢?

首先，可以在心理上用功，也就是运用意识来进行自我安慰。这种安慰的方法大概有以下几种。

（1）精神胜利法：这一方法来源于鲁迅，他笔下的阿Q就经常运用这种方法来安慰自己所受到的各种欺辱。适当运用精神胜利法，对于心理平衡的调节是很有效果的。可以说，在生活中，很多人都会运用这种方法使自己的内心得到平衡。这个方法适用于很多种情况，不论是事业受挫，还是恋爱婚姻遭遇挫折，都能借用这样的方法开解自己。在恋爱中受挫时，可以对自己说“天涯何处无芳草”；工作受挫时，则可以对自己说“我又不是圣人，做不到完美很正常”等。这样的想法可以让自己不至于太难过、太自卑。

（2）换个角度思考问题：对于同一个问题，完全可以从另外一个角度去看。从不同的角度看问题，会得出不一样的结论，甚至是完全相反的结论，自然，不同结论带给你的情绪也会不同。世界万物都有两面性，即积极的和消极的，这就看你如何去看待。看到了它的消极面，你就会产生消极情绪；看到了它的积极面，自然就会产生积极的情绪。所以，遇到问题时，提醒自己转换一下角度去思考，关注它积极的一面，这样不良心情可能就会很快得到恢复。

（3）转移注意力：情绪抑郁烦躁时，马上将自己的注意力从原有的事物上转移开，让自己暂时将其忘记。如果一味地想着眼前的困难，很容易钻牛角尖，走进思维的死胡同。所以，这时候可以为自己找点别的事去做，当你投入到新的事物中时，原有的烦恼就会慢慢消失。

除了意识层面的努力，还可以运用一些行为活动进行自我安慰，方法大致有以下几种。

（1）声音安慰：心情郁闷烦躁时，可以用吹口哨的方法来进行自我安慰。你可以在行人稀少的路上大声吹口哨，让自己的心情慢慢平静下来；也可以在偏僻无人的地方自说自话，缓解压力。很多人会在心情紧张的时候，用这样的方法来安慰自己。此外，也可以用手指或笔敲击桌子，使其发出一些有规律的音节，缓解自己的不良情绪。

（2）触摸或按抚脸部：这种方法可以用来缓解压力。主要动作有：用拇指轻拉或捻耳垂；用食指在面部上轻轻按抚；用手触摸或者抿、舔嘴唇；揉搓额头；摆弄自己的头发；等等。此外，在人们心情压抑或六神难安时，这些动作可以起到自我安慰的作用。

（3）搓腿：缓解紧张情绪时可以运用这个方法。将一只手或双手放在自己的腿上，并顺着大腿向下至膝盖处来回搓，也可以对自己的腿部来回按摩，这将有助于消除紧张感。

（4）打哈欠：这种行为很常见，如果我们留心观察就不难发现，有些人在处于压力状态下会不停地打哈欠。这种现象并不是由于睡眠不足造成的，而是因为心里有压力。打哈欠是“深呼吸”的一种方式，能缓解忧虑造成的口干现象。一个人口干时，就会打哈欠。这个动作能将压力传递到唾液腺上。因为，人在大幅度张嘴闭嘴时可以使唾液腺放出水分，这样，忧虑造成的口干就会得到缓解。

（5）通气：将衣领拉开，使皮肤与衣服分离，进行通气。这个动作也可以缓解内心的压力和紧张情绪，起到自我安慰的作用。很多人对自己想到的事情或所处的环境产生不愉快的情绪时，就会下意识地这样做，这的确可以让自己的情绪得到一些缓解。

（6）适当地拥抱自己：在遇到比较棘手的问题或思维受阻时，可以将手臂交叉，然后交叉的双手对自己的两个肩膀反复揉搓。这样的动作也能让内心慢慢平静下来，是一种不错的自我安慰方法。

生活中，我们会遇到各种问题和麻烦，它们往往会带给我们很大的情绪变化，尤其是负面情绪的干扰。如果不能及时对自我给予安慰，让自己的心情尽快恢复平静，负面情绪就会对我们的身心造成一定程度的损害。既然生活中会出现各种问题，干扰我们的心情，我们就应该学会运用各种方法安慰自我，消除内心的恐慌、紧张、暴躁等情绪，使心理得以调整，尽快回到正常的生活和工作中去。而且，在不断调整自我的过程中，也能使自己的情商更好地被开发出来。

3. 纾解压力也能提升你的情商

现代社会生活节奏很快，各行各业都面临着残酷的竞争，这也就给人们带来了强大的精神压力。众所周知，一定的压力会使人产生动力，对工作和学习有益，但压力过大，就会给人们带来消极的影响。医学研究发现，压力导致人体释放过多的皮质醇，身体里皮质醇含量过高，就容易使体重增加，出现睡眠质量差的状况。而且，随着压力的不断累积和增强，更容易导致个体情绪低沉、压抑等不良状况的出现，影响人们的工作和学习效率。因此，压力对一个人的生活和个人发展有很大影响。所以，对于压力，人们一方面要重视和利用它的积极效应来完善自己；另一方面还要采取一定的措施将其对自己的消极影响降到最低。那么，一般情形下，压力主要来自哪些方面呢?

其一，家庭的压力。家庭关系发生变化或遭受到阻力，致使个人心神不宁，压力陡增。

其二，人际关系的压力。融洽和谐的人际关系，会让人们在轻松的心境下，感受到学习和工作带来的乐趣。如果人际关系不和谐，则会在很大程度上影响智能的发挥，从而使学习和工作效率降低，压力增强，导致负面情绪加大，影响情商的发挥。

其三，身体状况差。当一个人的身体健康出现问题，特别是出现明显的威胁时，心理压力自然会增强。

其四，个人理财不佳。个人不善于理财，使自身经济陷入危机，导致压力变大。

其五，工作压力过大。现代企业为适应激烈的市场竞争，交付给员工的职责加重，大大增加了员工的压力。

以上都是压力产生的外因，除此之外，许多内在因素也会导致压力产生。内因包含的因素很多，如较强的责任感、自我管理能力差、追求完美等。

不论哪一种原因导致的个人压力过重，都很容易使人陷入被负面情绪控制的状态，以致影响个体的情绪商数，使个体无法正常发挥自己的才能。因此，人们应该学会发现压力的触发点，这样才能有的放矢，积极寻求解决释放压力的办法。

当我们发现自我压力过重时，应该怎样管理它，纾解它，以减轻内心的重负，使情绪商数得以提升呢?

● 压力管理方法

（1）运动与饮食：人的脑下垂体会在运动的过程中分泌大量脑咖，给人带来快乐的感受，肺活量也会因为长期运动而大大增加，从而促进体内呼吸，使焦虑情绪得以舒缓。饮食上保持均衡的食物摄取，可以使人精力旺盛。

（2）自我肯定：对自己的需要、意见和感受应以适当、直接的方法予以表达，这样能够使自信心得以增加，促进沟通，使人际关系得以改善。

（3）时间规划：

A.将每天必须做的工作记下来，使它们排好队，将精力放在最先需要做的事情上。

B.将一天中最能出效率的时间留给最重要的事。

C.工作中难免出现各种突发或紧急状况，因此，每天要为自己预留一些弹性时间，以应对突发或紧急状况。

D.试着每天在相同的时段做相同的事。

E.腾出一些时间，让自己放松，在这段时间中不去处理任何事。

F.认真计算为等待某件事物所花费的时间。

问题解决：当某件事呈现的状态与你所要达成的目的出现偏差或冲突时，应该这样处理：A.打破原有的思维方式。B.不要再做完美的逻辑推理。C.改变知觉。D.对不可行的概念不去作轻易的否决。E.随意并列两个无关的概念，然后从其中找出相关联的地方。

正确思考：焦虑往往产生于错误的思考和偏颇的看法，要有对不合理的信念进行挑战的勇气，从而以合乎逻辑的思考去探寻问题之所在。

（4）放松练习：

A.深呼吸：运用腹式呼吸法，也就是用肚子去呼吸。方法是慢慢地将气吸满，肚子挺出，然后慢慢地将气再吐出来，直到肚子凹进去。

B.肌肉放松训练：感受身体的局部放松感。

C.意象放松训练：闭上眼睛想自己喜欢的事物，培养慢而深的吐纳。

纾解压力的技巧

（1）冥想法：

A.将头摆正。

B.轻轻地闭上眼睛。

C.将嘴巴闭紧，舌头顶上颚，下巴往内收。

D.使自己的肩膀微微地向外张，放松肩部，双手置于膝盖处。

E.将腰和背挺直，使腹部缩小。

F.这种方法操作时，没有过多制约，不讲究盘坐姿势，可以坐在椅子上，也可以盘腿而坐，只要自己觉得舒适自然就好。

冥想法的调心要领是：眼观鼻，鼻观心，心观呼吸。

（2）呼吸法：

A.深深吸上一口气，在心里默数五个数，再用力将气吐出来。

B.再深吸气，并在心里默数五个数，然后放慢吐气的速度。

C.反复做几次，让气下沉至丹田处，当呼吸变得缓慢深长时，肩膀就不会再是紧绷的状态，会变得自然很多。

（3）肌肉松弛法：

A.坐下来，让心思全部集中在放松上。

B.对自己身体的某块肌肉进行快速的拉紧，保持5秒钟，然后再慢慢放松。

C.肌肉放松动作适用于全身肌肉，可反复练习。

以上的训练如果能一直坚持做下去，对压力的纾解会有显著的效果。不论这压力来自何处，只要你积极寻找方法纾解，就可以慢慢消除，使你的情绪好转，重新找到生活和工作中的乐趣，在美丽的人生中逐步提升自己的情商。

4. 拥有激情才能使你拥有创造的动力

事业成功的人，一定是充满激情的人。这样的人，无论做什么工作，做了多长时间，他都能充满激情，活力四射，不仅会让自己不断进步，还能用自己的激情感染周围的人。对工作无法产生激情的人，慢慢地也会对生活失去激情，甚至对生活和工作产生厌倦感。一个人在工作中一旦产生厌倦感，就会紧接着出现不良的情绪反应，如沮丧、烦躁等，致使工作频频出错，影响效率和业绩。长此以往，人的心情会变得越来越压抑，如果不能抑制这些坏情绪的继续滋长，个人的前途和发展受到影响是在所难免的。

一般情况下，人们对于一份工作，从事的时间长了，就会获得相应的经验，或者会成为技术娴熟的业务干将。但日复一日、年复一年重复相同的事务，就会慢慢地失去最初的工作激情。如果再遇到加薪、升职上的不顺，就很容易产生无助感，让情绪一落千丈。由情商概念我们知道，情商就是情绪商数。在不同的情绪状态下，引发的行为也会不同，发挥出的能力亦不同。所以，成为一个内心充满激情的人，并将这份激情运用到所从事的工作中去，将会对个人发展产生很大影响。

激情，是人们在工作中长盛不衰的原动力，它可以让人爆发出不一般的能量，而能对工作长时间充满激情的人，定然会在自己的领域做出不同凡响的成绩。虽然渴望成功的人很多，但能长久保持工作激情的人却并不多，因此，成功者寥寥。那么，应该如何让自己的内心充满激情，并在工作中一直保有这样的激情呢?

(1)保持积极的心态。

心态好，就会产生良好的情绪。医学研究发现，人在心情好的时候，体内会发生奇妙的变化，从而让人获得一股股新的动力和力量。所以，要多想一些快乐的事，不要总是自寻烦恼。要多激励自己，这样，自己的内心才能不断产生新的力量，让自己激情满怀，精力充沛，在工作中创造更大的价值。

（2）不断地寻求挑战。

很多人在刚刚参加工作时，有着一定的抱负，希望自己成为什么样的人，但慢慢地就躺倒在了舒服区，不再有更高的追求。所以，想要长久保持工作激情，就一定要时刻准备迎接下一次挑战，以激发自己的工作热情。

安妮·埃尔斯纳是卡夫食品公司的首席营销官。毋庸置疑，她是一位成功者，而谈起她对工作一直能保持激情的话题时，她说，自己是一个善于寻找机会、重塑自我的人。她认为，重塑自我可能会让人觉得有些畏惧，可是，这可能会让自己接受新的项目，或者重新加入到一个新的团队中去，或者还有其他意想不到的可能。因此，在她看来，一个人作出的每一点改变，都会使其进步，并对工作保持不灭的激情。

（3）确立一个具体而宏大的目标。

很多时候，我们总觉得自己的目标很难实现，那是因为自己设定的目标不清晰，使自己丧失激情，失去动力。所以，一定要设立一个能激发你想象力的目标，那样你才能不断激励自己，使自己一直保持着激情。

（4）学会战胜内心的恐惧。

这个训练可以从克服小小的恐惧开始，即便是小小的恐惧，也会增强你创造生活的信心。要明白，只有战胜了恐惧，才能迎来某种完全有益的东西。对于恐惧千万不要回避，回避不但无法解决问题，还会消磨掉你的活力。

（5）不怕困难。

当工作中出现困难时，不要畏惧，要学会调整思维，解决问题的方案不一定只有一个，从多角度去思考，最终总能找到解决问题的办法。如果遭遇困难就心烦气躁，不但不能解决问题，还可能让自己的情绪更加恶化，以致忙中出乱，不断遭遇失败，消耗激情。

（6）拥有良好的感觉。

这个是说，不管你是否达成了自己制定的目标，都要保持良好的感觉。一般情况下，人们只会在事情有了好的结果时，才会心情愉悦。而一旦目标无法达成，就会产生沮丧情绪。这显然剥夺了自己拥有快乐的权利。沮丧只能让人远离激情，不振作，而快乐的情绪却可以滋生生命体内的新活力。

（7）做好调整工作的计划。

人的精力总是会有强有弱的时候，所以应为自己安排休整的时间。可以根据你的时间表，将需要放松、调整的时间圈定。记住，一定要做好调整计划，哪怕你感觉自己还不错，完全能应付——修整是为了让身体有恢复期。当自己的事业遭遇“瓶颈”时，也要给自己安排休整的时间，让自己先退一步。不得不离开自己热爱的工作时，也要给自己留出一段时间来调整身心。这样，你才能充满激情地投身于新的工作。

（8）立足现在，把握未来。

要把握当下的机会，时刻提醒自己马上行动，对于过去和未来都不要过多去想，当下的重点是今天。这不是说没有目标地工作，而是要给自己留一些筹划和制定目标的时间。有了目标后，就要付诸实施，马上行动，以脚踏实地的精神干下去。

（9）要敢于竞争。

任何一次竞争、实践，都能为你带来宝贵的经验，使你从别人那里学习到你从前不知道的知识和技能。所以，要虚心学习，不放过每一个可以竞争的机会。只有在竞争的过程中，你才能看到自身不足，并努力地去完善自己，最终胜过别人。竞争为自己带来的最大好处就是，能让你的内心一直保持着工作的激情。

（10）学会在危机中求生存。

危机看似可怕，但它同时也可以激发你竭尽全力地去奋斗。正因为这样，我们才希望生活有一些挑战，将自己置身于前途未卜的境遇，因为这样才能不被舒适的生活消耗尽那份激情。所以，要学会在危机中求生存，不能因惧怕而对它退避三舍。

（11）支持你目标的人，你要和他做朋友。

人离不开朋友，但是对朋友的选择一定要慎重。有些人只能为他人带来负能量，这样的人要远离。选择目标明确、行动力强的人做朋友，如果他也同时支持你的目标，那更是无二的选择。与积极乐观的人做朋友，他的热情也会感染到你，快乐的心情下，人才能更具有活力和激情。

（12）让每一天都过得有意义。

人们都希望自己的人生有意义，但往往不知道珍惜眼下，让时间在毫无意义的事务中消磨掉。如果我们认为自己有充分的时间去做自己想做的事，那就大错特错了，这种想法会让我们放松自己，养成拖延的毛病，使得我们在“还有明天”的托词中，变得越来越没有为目标付出行动的激情。

拥有激情，才能使你拥有创造的动力，激发生命中勇于挑战、勇往直前的勇气，从而使你更抗挫，能更快地达成你为自己设定的目标。

5. 强烈而清晰的洞察力是把握机会的唯一要素

一个人的成功，离不开自己的努力，但也离不开机会的协助。而机会的宝贵之处，正在于它的稍纵即逝。因此，一个人如果在机会面前犹豫不决的话，就会白白让它从自己身边溜掉，这就要人们学会善待机会。

英国军事理论家托富勒曾说："一个明智的人总是抓住机遇，把它变成美好的未来。"其实，也可以这样说，一个高情商的人一定不会放掉任何机会，让它帮助自己成就美好的未来。正如《圣经》上说："快跑的未必能赢，力战的未必能胜，智慧的未必得粮食，明哲的未必得资材，灵巧的未必得喜悦。所临到众人的，是在乎当时的机会。"从机会的概念中，我们可以清楚，机会对个体是一种有利情况，具有时间性，因而它能给人提供有利动机。

虽然机会往往不容易被抓住，但大凡成功者，都是能够抓住机会的人。他们在天时、地利、人和的基础上，把握机遇创造出卓越的成就。成功者几乎都是高情商的人，正因为他们的情商指数高，才能够及时发现机会，抓住机会，并利用机会开创出一片天地。那么，如何让自己也成为一个能够及时发现机会并抓住机会这样高情商的人呢?

其实，人生的机会还是很多的，有时它可能就在我们身边，只是我们没有发现它。

在某地发现了一个金矿，很多抱着发财梦的人前往淘金。可当他们就要到达金矿所在的地方时，一条大河挡住了他们前行的路。在没有桥、也没有船的情况下，他们如何才能到达金矿呢？这时，人们纷纷给出自己的建议，有人说可以绕道而行，有人说不然游过去吧，可是河水又宽又深，没人敢去冒那份险。

就在大家不知道怎么办时，一个人灵机一动，踏上了另一条路——他在不远的一个小镇上买回了一只小船。他要用船载这些人过河，过河的费用是每个人过一次收三个金币。虽然那些人觉得过河的费用昂贵，但除了可以搭乘这只船，没有别的办法到达金矿。

就这样，船主人放弃了去金矿发财的路，一心一意开始了他的摆渡生涯。每天来金矿的人络绎不绝，船主忙得不亦乐乎。

后来，去淘金的人很多都空手而归，而那个船主却因为抓住了摆渡这个机会，成就了自己的财富梦想。这就是机会，它或许就在你的身边，只是你对它视而不见罢了。当然，谁都想获得机会，只是人们缺少了发现机会的能力。心理学研究认为，一个人必须有敏锐的洞察力，才能及时发现机会。那什么是洞察力呢？人们应该如何培养自己这方面的能力呢？

一个人深入了解事物或问题的能力就是洞察力，它是一种综合能力，即观察、分析和判断的能力。这种能力每个人都能获得，它并不是什么神奇的力量。有些人的洞察能力的确很差，但可以通过培养得到提高。其方法有：

● 多观察。

学会观察事物可以让你变得更为专注。在训练观察能力时，要对所观察的事物尝试用多角度去观察。这既可以锻炼视觉的灵敏度，让视觉和大脑在瞬间拥有强烈的注意力，还可以改善观察力、注意力。

● 训练分析和判断的能力。

从观察中获得了大量信息还不够，还要对这些信息进行整理和分析，使它们成为有价值的材料，为你的判断提供依据。在分析思考的过程中，要综观全局，着眼于未来，从最坏处着想，向最好处努力。

● 注意细节变化。

成败往往在细节上体现，优秀的人，正是洞察到了别人没有留意到的事情，所以才发现了机会。

● 对事态的发展变化要给予高度关注。

任何事物都是在不断变化和发展的，所以，随时对事态的发展进行关注，也是提高洞察力的一个好方法。

发现了机会，就不要让它溜掉，高情商的人都是懂得善待机会的人，因为机会可以发挥这样的作用：

● 发掘个人潜能。

很多人之所以会跟机会擦肩而过，原因之一就是缺乏胆量。一个胆小懦弱的人，就算发现了机会，往往也会由于缺少挑战自我的精神，而不敢及时出手，致使机会从身边溜掉。所以，要学会善待机会，勇于挑战，因为挑战可以激发自己强大的意志力，激发出生命中巨大的潜能，从而使自己更有机会获得成功。

● 激励人生进取。

一个人发现机会后，自然会在心中升起希望之光，并愿意尝试着去把握住它可能为自己带来的一切。于是，上进心就被激发了出来，开始为了这希望可能实现的一切去做各种准备，如建立信心（这是必须做的，没有信心肯定不敢去尝试），寻找合作者。为此，必须与人建立起和谐的关系，还要做好准备，面对可能出现的各种问题。这样就不得不加强自己的忍耐力和承受力等。只要愿意善待机会，就一定会想尽各种方法，争取实现它可能为自己带来的一切。

● 校正人生目标。

目标是人生进取的动力，有了目标才能有奋斗方向。然而，并不是每个人对自己的认识都是清醒的、正确的，一个不合适的目标对个人发展来说，往往更具破坏力。选错了路，可能就永远无法到达目的地。机会能带给人们的又一个好处就是校正人生目标。机会到来时，它可能会让我们晦暗不明的人生突然变得明朗起来，让我们看到另一片天地，并朝着那片光明之地奋勇直前。

人的情商需要训练，而最好的训练方式就是实战，在实战中才能全身心地投入，并获得最宝贵的经验。人生正是这样一个绝佳的真实演练的机会。所以，想要提高自己的情商，就要具备发现机会的能力，并能够善待机会，不让它白白溜掉。

6. 拥有从头再来的能力是激发高情商的重要过程

很多时候，我们给自己设定的目标未必是合适的，如果是这样，就有可能造成无法实现目标的后果。有时候，当我们攀越了一座事业的高峰后，可能并不愿意因此裹足不前，所以就会选择重新回到起跑线上，从零开始。有时候，由于某种客观原因，我们的事业遭遇到惨败，但我们不甘心就那样被打败，因此，在不认输的心理下，选择重新开始。这种选择，并非每个人都能做到。然而，能作出这种选择的人，往往会让自己的人生再上一层楼，或者重新找回奋发图强的坚韧毅力，而不会被失败带来的绝望和沮丧彻底击溃。

那么，为什么选择从头再来的人能够获得成就或新生的机会呢？那是因为，一个人作了从头再来的选择后，他所设定的新目标，让他再次燃起了战斗的勇气和激情，从而激发出他生命内在的诸如自控力、自信心等一切潜能，让他为实现目标而做足准备。正像一句话说的：人都是被逼出来的。每个人都有着巨大潜能，只有在面对压力时，才会调动生命里的一切积极因子，来对抗压力。也就是说，只要有压力，人就有动力。所以，从头再来也是激发一个人情商的过程。这个过程包含以下内容。

（1）重新构筑自信，摆脱挫折带来的沮丧、绝望的情绪。

人在遭受挫败后，往往会沉浸于沮丧和绝望中，因为失败带给人们的往往是物质方面和精神方面的双重打击。人们遭受挫折的原因很多，它包括两个方面：内在因素，如人的身体状况和心理；外在因素，如自然、社会、家庭等。一般而言，外在因素是不可控的，但内在因素却是可以控制的。人们在做任何事情时，都会受到动机和目的的指引，在目标实现的过程中遭遇困难和阻碍时，如果找不到可以替代的目标，或者对所遭遇的困难无法克服时，就会产生挫折感。挫折很容易使人的自信心遭受到打击，让人无法振作。显然，如果一个人不能从这种状态下走出来，他的人生将会面临一种非常糟糕的局面。因此，走出负面情绪的控制势在必行。而想要摆脱这种状况，就要为自己重新设定一个奋斗目标，目标是激发生命正能量回归的不二路径，这也是从头再来对于情商开发所具有的不同寻常的意义。

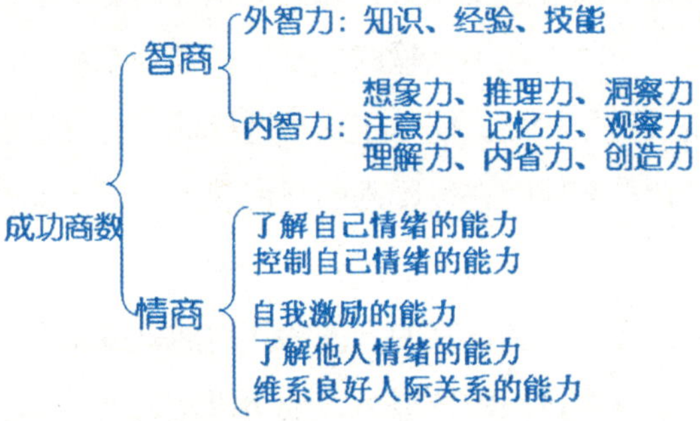

图3-6-1　成功商数

（2）战胜恐惧感。

选择从头再来当然不是一件容易的事，因为前途未卜，谁也不知道这一次选择是否能够让自己成为一个赢家。一旦失败，将会让自己遭受再一次的打击，或者要承受因为放下现有的成就而带来的得不偿失的后果。因此，选择从头再来，是需要经历一场战胜自我心理存在着的强大恐惧感的挣扎。但是一个人如果真的选择了从头再来，并为之不懈努力，他或许可以让自己拥有更灿烂的人生。而更为关键的是，在选择的过程中，战胜自我恐惧的力量得到了再次强化。

（3）对自我的重新评估。

不管一个人是因为遭遇了挫折而选择从头再来，还是为挑战自我而选择从头再来，他都会在新的目标设定过程中，对自己作一个全新的认知，重新评估自己的经验和能力，分析自己的优势和不足，从而做出一整套计划实施的方案，以免在目标实现的过程中，遭遇到挫折和失败。不论任何计划的实施，都要在之前做足准备，否则很可能会前功尽弃。因而，对自我的评估和认知就是其中的一个重要部分。所以说，选择从头再来，也是自我认知的绝佳机会。

（4）增强对外在环境的认知能力。

想从头再来，自然不希望遭遇太多的挫折和最终失败的结局，因此，在目标设定之初，不仅要对自我进行重新评估，还要对外在环境和复杂的人际关系作出重新的审视和判断。只有全面了解各种情况，才能判断出目标实现的可能性有多大，从而对目标的设定作出调整，减少失败的概率。另外，在从头再来的过程中，由于有之前的成功与失败的经验，所以，会更加专注与细心，对外界的变化也会变得异常敏感。由此可见，从头再来会增强人对外界变化的关注度和敏锐度，从而激发人对外在环境的认知能力。

（5）激发出更强大的激情与忍耐力。

从头再来，就是想再次给自己一个攀越高峰的机会，不论从前遭遇了什么，选择了从头再来就是作了一个新的决定，让自己回到起点，重新出发。因此，当一个人再次站到起跑线上时，往往会激励自己这一次一定要赢，一定要满怀激情地投入到目标实现的过程中去。因此，他会将所有的注意力都集中在前方的目标上，并调集自己的一切精力和激情，准备好为那个目标奋勇前行。而一旦真的上路，也会比前面更有忍耐力，因为他已经明白，在目标实现的过程中，需要怎样的克制或是坚韧。所以，从头再来，也能激发出一个人的激情与忍耐力。

高情商的人往往经历过很多事情，在经历过无数次的成功与失败的过程中，他们总结出了宝贵的实践经验，而不论大事还是小事，他们都不会放过任何一次可以帮助自己提升、历练的机会。所以，他们才会在不断行进的过程中，开发出生命内在的潜能，让自己变得越来越优秀，包括他们能一次再次地将自己置于新的起跑线上。所以说，不要害怕从头来过，要敢于放弃，给自己一个重新开始的机会，使自己潜在的情商被激发出来。

附：测测你维持人际关系的能力

1. 如果你在不经意间知道了同事的隐私，你会：

A.告诉自己不能对别人说。

B.从来没想过告诉别人这个问题。

C.马上将此事告诉别人。

2. 在你遇到困难时，你会：

A.尽量自己解决。

B.立刻找别人帮忙。

C.只向好朋友求助。

3. 在你的朋友遇到困难时，他们：

A.愿意找你帮忙。

B.找你的只有好朋友。

C.很少向你求助。

4. 你觉得作为朋友，需要：

A.真诚。

B.能和谐与人相处。

C.有钱有势。

5. 以下符合你的情况的是：

A.常和朋友一起闲聊。

B.总能发现朋友的错。

C.会使朋友愉快。

6. 和朋友交往时，你感觉：

A.会对许多朋友感到不耐烦。

B.和大多数朋友能和谐相处。

7. 你的做法更符合以下哪一种情况

A.喜欢发现朋友的优点。

B.能将自己的看法坚持下去。

C.不喜欢评论朋友。

8. 你对朋友间的交往，所持的观点是：

A.保持适当的距离。

B.应充分信赖。

C.应避免承担责任。

得分标准为： 1.A=2 B=3 C=1　2.A=3 B=1 C=2　3.A=3 B=2 C=1　4.A=2 B=3 C=1　5.A=2 B=1 C=3　6.A=1 B=3　7.A=3 B=1 C=2　8.A=2 B=3 C=1

揭晓谜底：

20~24分：说明你维持人际关系的能力强。

14~19分：维系人际关系的能力一般。

8~13分：对人际关系的维持很不在行。

第四章

情商培养：高情商的人才是如何造就的

怎样让超强的忍耐力快速提升你的情商

如何构筑起自己超强的自信心

怎样培养冷静思考问题的能力

怎样培养察言观色的能力

怎样培养自己的专注力

在现代社会中，想要拥有高情商是每个人的愿望。因为它能让人在许多方面显示出个人魅力以及实力，为自己带来诸多益处。生活中情商高的人很多，但也有很多人的情商确实有问题，而且，很多高智商的人，情商低得可怜，致使个人发展连连受挫。情商并不是天生的，它是可以通过后天的努力培养出来的。如一个人的忍耐力、察言观色的能力、自信心的建立，都可以经过训练而获得。想要获得这些能力，不仅需要决心，还需要学习一定的技巧，通过大量的实践，反复训练自己，让自己慢慢领悟到其中的奥妙，从而拥有这些能力，成为一个高情商的人。高情商的人既拥有坚强的忍耐力，充满自信，又能与人和谐相处，拥有良好的人际关系，这会使他们为自己的个人发展赢得更多机会。在这一系列的训练中，不要操之过急，从一点一滴做起，循序渐进，持之以恒，这样才能保持平静的心态，有助于情商的培养。

1. 怎样让超强的忍耐力快速提升你的情商

个体忍受疼痛和苦难的能力被称为忍耐力。忍耐力包括两个方面，一方面是生理上的忍耐力，如忍耐饥饿、口渴、困倦等；另一方面是精神上的忍耐力，如忍耐孤独、绝望等情绪。忍耐力并不是人们初生伊始就具有的，小孩子饿了、渴了就会哭，恐惧和孤独时也会哭。忍耐力是人的内在潜能，是经过后天的挖掘和培养而形成的。相关人士研究发现，高情商者都具有很强的忍耐力。

曾经有人做过这样的实验：实验者挑选出一些智商超常的幼儿，给他们每个人分一块糖，然后告诉这些孩子，现在只给大家一块糖，如果谁能够在一小时之内忍住不把糖吃掉的话，会再奖励给他一块糖。跟踪调查得到的结果是，能够忍耐不吃糖的孩子的成功率比那些不能忍耐的孩子的成功率要高很多。可以说，成功永远青睐忍耐力强的人。

现在各行各业的竞争都十分激烈，所以到最后往往会打价格战，因为买家希望购买更加便宜的产品。因此，一些企业迫于压力，无法坚守自己所定的价格，开始降价出售，最终使企业陷入恶性循环的深渊。

某生产企业生产的零件，市场标价为120元左右，由于市场竞争激烈，同类企业都坚持不住，将自己的产品降价出售，以赢得买家的光顾，结果产品的价格越降越低，到最后利润几乎为零。而这家企业从开始就不想陷入这样的陷阱，于是，它一直坚持咬住价格不变。当然，相比之下，他们的价格会让许多买家离开，尽管如此，这家企业依然坚持不降价。

但是，一段时间后，他们的销售人员会给买家写一封信，信的内容大致是这样的："您上次光临我们企业询问某产品的价格，距现在已经有半个月了，您再没有到我们这里来，想必您已经买到比我们的产品价格更便宜的产品了，所以我们写信向您表示祝贺。同时，我们也在思索，我们的产品价格为何降不下来？原因是我们生产的产品材质与别家企业同类产品不一样，工艺也不同……如果您对自己购买的产品在使用上觉得满意的话，您就继续购买那种产品；若是我们的产品您有需要的话，我们随时欢迎您回来。”买家接到销售人员的这封信后，一般情况下，会再光顾他们的。

由这个例子我们不难看出，忍耐的背后是一种对自我的信任，也就是相信自己这样做一定会有所收获。而事实证明，对于成功的人来说，忍耐力就是他们获得成功的必要条件之一，正如一句话说的：“天才，无非是长久的忍耐。”

现代企业中，大都是大学毕业的高智商年轻人，他们聪明、悟性好，渴望成功，但他们所欠缺的却是情商。很多人的情商都不是很高，这显然成了他们个人发展的严重障碍。为了适应激烈的市场竞争，企业对员工的情商问题也非常关注，因为优秀的员工才是企业的发展原动力。

既然人们早已意识到忍耐力的作用之大，又知道经过后天的培养可以锻造长久的忍耐力，那么如何去做，才能收到好的效果呢？

首先，人们要认清忍耐力对一个人的影响。要清楚忍耐和坚持虽然是令人痛苦的，但它会渐渐地带给你好处，而且忍耐可以避免一个人冲动行事，从而给自己时间作出冷静的判断，运用正确的方法解决纠纷和问题。

其次，要锻炼自己锲而不舍的精神。做这项训练，需要做的是有意识地去重复做一件事，反复地去做，如果没有耐心和锲而不舍的精神是坚持不了多久的。很多事情是很能考验我们的忍耐力的，如果没有坚持的心和锲而不舍的精神，就会在困难面前畏缩不前，以致功亏一篑。

围棋是一种可以开发和培养忍耐力的游戏，下一盘围棋需要经历漫长的过程，日本的棋圣战等围棋大赛的头衔挑战赛，都是二日制的比赛，对于这种漫长的赛制，棋手们如果没有十足的耐力，是根本无法完成赛事的。而这种大赛对于大棋士来说，也能拓展忍耐力。

另外，通过培养专注力的方法，也能锻炼自己的忍耐力。

注意力的集中也是一个人的特殊的素质和能力，但通过后天的训练可以获得。培养专注力的方法主要有这样几种：

（1）运用积极目标的力量。这种方法就是为自己设定一个可以自觉提高注意力和专心能力的目标，当目标设定后，你会发现，在很短的时间内，你的专注力就会有迅速的发展和变化。因为你有了一个目标，就会将所有的注意力都集中到目标上，一旦进入这样的状态，就很难再有别的事情会干扰到你。比如，你决定每天写一份工作和人际交往的总结，当你确立此目标后，你坐在电脑旁或是书桌前，你的注意力就会高度集中。大家都知道，在战场上，如果不能锁定一个目标全力以赴地对付他，而是将兵力漫无目的地散开，就会有被各个围歼的危险。同样，工作和学习也是如此，只有将目标定准，让自己专注地去做这件事，才能将其做好。

（2）要训练排除外界干扰的能力。毛主席曾经为了训练自己的这项能力，刻意去车水马龙的地方读书。在嘈杂的环境下去做某事，可以增强抗干扰的能力，从而使人们的专注力得以提高。

（3）要善于排除内心的干扰。有时候干扰我们的不是环境，而是我们的内心。因此，要学会时刻清理内心的“垃圾”情绪，专注于自己应该去做的事。

（4）可以通过感官进行训练。也就是说，可以进行视觉、听觉、感觉等方面的训练。如在视觉上，训练自己在一个时间内盯住一个目标，不让其他图像干扰到自己。在听觉方面，可以训练自己在很多声音中集中聆听一种声音。也可以闭着眼睛感觉周围的温度等，这些训练都可以帮助人们增强专注力。

通过训练专注力的方式来提升忍耐力，也是一个不错的方法。当一个人能够为自己设定目标，并在遇到挫折和困难时，不轻言放弃，能忍耐得住煎熬和绝望的侵袭，那么，他就拥有了一定的情商，拥有了情商之后，成功自然也会越来越近。

2. 如何构筑起自己超强的自信心

所谓自信心，就是一个人在面对某项活动时，对自己是否能将其顺利完成所产生的信任程度。这是一种积极的意识特征和心态，因为它对自我价值、自我尊重和理解的表达是积极的、有效的。每个人的自信心不一样。通常来说，高情商的人自信程度较高，低情商的人自信程度较低。而这种差异对个体的个人发展和前景影响可谓是巨大。

俞敏洪说："自信来自于内心，而不是来自和别人的比较，和别人比较永远不可能带来真正的自信。比较的结果不是产生虚妄的优越感，就是产生强烈的自卑感。这两种感觉和真实的你无关，也和自信无关。自信是一种自我肯定，肯定自己在某些方面能够做得比较出色，而不是在所有方面都比别人好。"

那么，我们应该如何在日常生活中建立自己的自信心呢？

首先要相信自己，这是第一步；然后就要付诸行动，这样心中就会充满力量，而且会有打破恐惧的勇气。

卡耐基在青少年时期，个性比较羞涩，一到台上就会紧张得结巴，说出来的话也是词不达意。后来他的老师总是鼓励他，让他加强这方面的训练，他慢慢地克服了上台紧张的问题。而且在课堂上，他也能勇敢地举起自己的手回答老师提出的问题，而他的自信心就是这样逐渐建立起来的。

这件事让卡耐基明白一个道理，上台恐惧症可以克服，其他的不足也可以经过努力弥补。为了参加大学的一项活动，他又开始了减肥计划，他立志减掉10公斤。对于减肥而言，最佳途径就是少吃多运动，这对于一个大男生来说，并不是一件容易做到的事。可以说，这是一项对自我毅力和决心的大考验。由于卡耐基有克服上台恐惧症的经验，他相信减肥也是一样，只要持之以恒地控制自己的饮食，每天跑步就一定会见成效的。果然，他在3个月内成功减掉了10公斤，也由此顺利进了企管系，这无疑再一次增强了他的自信。后来，他因为这样的特性，一次一次为自己的人生设定新的目标，并且都得以顺利完成。

从完善自己的表达能力，减肥成功，以至后来的诸多计划的完成，卡耐基的自信就这样逐渐建立并日益增强。自信让他越来越有成就感，他也因此取得了骄人的成就。

卡耐基的人生不断走向高处，正是由于他明白自信心是可以通过努力建立起来的道理，所以他一步一步地为自己设定新的目标，然后付诸实施，就是在这样的过程中，他的自信心变得越来越强。每个人都有自己的短板和不足，这不算什么，只要我们努力去弥补，在不断努力的过程中，在一点一滴的进步中，我们的自信心就会逐渐地建立起来。

一般情况下，缺少自信心的人主要会表现出这样几个特征：

（1）需要别人的注意和认可。特别需要得到别人的注意和认可是缺乏自信心的一种表现，这让他们需要不断被他人肯定，并通过这样的方式确认自己是被接受和认同的。

（2）优柔寡断。因为缺乏自信，所以通常很害怕自己作出的决定是错误的。总是担心自己没有能力去完成一些事情，哪怕那是自己应该去做的事，于是干脆什么也不做，或者能拖一时是一时。越是这样，就越是无法作出正确的决定，无法顺利完成某项活动，从而致使自己的自信心越来越不足。

（3）自怜。自怜一般源于自我不作为，试想一个无所作为的人，事事需要依赖他人，自然会受到他人等各方面的支配，随波逐流。由于对别人的强烈依赖，需要常常被人关注和同情，并以这样的一种方式去控制他人，赢得别人的怜悯。

（4）自我放纵。缺乏自信的人，生活状态一定不会很好，他们对自己往往也无法忍受，于是，就试图通过替代性的方式使自己的需求得到满足。当他们觉得自己受到剥夺和伤害时，便会借用食物、药物、酒精等来麻醉自己，以掩盖所受的痛苦和自卑的情绪。由于这种方式能够暂时弥补他们自我否定的感觉，所以，这就成了他们逃避现实和改变自己的方式。

（5）情绪低落。当一个人认为外在环境无法满足自己的愿望时，沮丧和挫折感就会油然而生。因为他觉得自己无法掌控这一切，就会对自我价值产生怀疑。如果在实现梦想和满足他人希望的过程中不断遭遇失败的话，就更会加速自卑感的产生。

那么，人们应该如何摆脱自卑，培养起强大的自信心呢?

（1）对自己的优点和成就多给予关注。如果一个人总想着自己的缺点和失败，自然就会越发没有自信心。所以，想要培养自信心，就要多关注自己的优点和成就。你可以将自己的优点和成就写下来，并经常看一看，这样有利于增强自信心。

（2）要与自信的有志向的人多接触。俗话说，“近朱者赤，近墨者黑”，多与自信心强、有志向的人接触，他们会感染到你，让你感觉到生命内在的力量。

（3）自我心理暗示。要经常对自己给予正面心理强化，避免负面强化。在遇到挫折时，要鼓励自己不放弃，要对自己说：“我一定能行！”“我做得到！”这些加强信念的话，就是一种正面的心理暗示。心理学研究发现，这种暗示的力量对自我的改变有着不可估量的影响。

（4）塑造自信的外部形象。一个好的仪表有利于人们建立良好的人际关系，从而使自信心得到提高。

（5）保持一定的自豪感。虽然谦虚是一种美德，但过分贬低自己会不利于自信心的建立。

（6）让自己多一些微笑。微笑可以提升幸福感，从而促进人们自信心的建立。

（7）学会扬长避短。在生活中，既要注意弥补自身的不足，也要抓住展现自我优势的机会，不断求得进步，从中感受成功带来的成就感，使自信心随之提升。通常，取得的成就越大，自信心提升的程度越高。

（8）要多学习。渊博的知识不仅可以增长人们的见识，更能使人们的自信心得到提高。

（9）做足准备。在某项活动进行之前，做好充分的准备工作，这样才能充满自信，把失败的概率降到最低，而活动的顺利进行，亦会增加你的自信心。

（10）不断为自己设定适当的目标。目标的设定不能过高，也不可过低，过低则很容易实现，不能提高自信心；过高则不易达到目的，会不利于自信心的建立。

通常能够战胜自己的人，他的力量会很强大，因为他充满了自信。

3. 怎样培养冷静思考问题的能力

总有一些时候，我们的心情会被一种莫名的情绪所干扰；还有很多时候，我们会因为各种原因，导致自己情绪波动，无法使自己冷静下来思考和处理问题。这时的我们无疑是愚蠢的，所作出的任何一个决定，都可能带来不好的结果。不仅会因此伤害自己，也会伤害他人，或者让眼下的事情变得更糟。

一个高情商的人，往往不会让自己陷于这样的境地。在关键时刻，他们能够做到冷静、理智地思考和处理问题，因此他们很少犯错。所以，我们有必要培养自己冷静思考问题的能力。

冷静是遇事时的一种态度，也是克制自我情绪的能力，它并不是与生俱来的，而是后天培养出来的，就像人的很多特性一样。很多时候，人们在遭遇突发事件时，内心会很紧张，对突如其来的变故不知道如何应对；有时候，在受到打击、排挤时，人们也会失去冷静，做出不理智的事；更有一些人，哪怕遇到一点不顺心的事，就会情绪失控；等等。这些表现都会大大影响人们思考和行动的正确性，给自己和他人造成一定的负面效果。

在情商培养中，冷静思考和处事也是一项重要的练习。因为，一个人在遇到事情时，没有让自己冷静下来的能力，就会让自己失于管控的境地。那么，我们要如何培养自己冷静的能力呢？

（1）学会克服紧张情绪。当一个人受到压力，遭遇冲突、风险和危机时，很容易产生紧张的情绪，而过度的紧张对工作的开展和身体健康都有害而无益。因为在紧张的情绪下，人的思维会处于混乱的状态，无法理清事情发生的原委，无法专注地、有条理地去进行分析，因此，也就很难找到解决问题的正确方法。久而久之，就会完全失去挑战自我的能力，变得畏缩不前，这对个人的发展极其不利。

而想要克服紧张的情绪，首先，要给自己制定一个明确的目标，学会沟通协调的能力。其次，要多参加一些娱乐活动，先让自己的心情放松下来，然后再重新面对问题。

（2）避免急躁情绪的发生。这需要培养自己的忍耐性。另外，给自己设定的目标要适当，不可过高，要让自己张弛有度。这样才能使自己保持一个好的身心状态，冷静地面对问题。

（3）培养积极的情绪。要在生活中善于发现美，感受到生活的美好，心情就会舒畅、愉悦。要用热情且开放的心态面对工作和生活，这样就会养成多角度看待问题的习惯，能放眼未来，而不会拘泥于眼前的小是小非，从而让自己变得冷静。平日里要学会能够使自己轻松下来的方式，将自己带离气氛不良的环境和消极的心境。比如，到大自然中去，多呼吸清新的空气，林间的鸟语花香，幽静的山谷，奔腾的溪流，都能让人的内心变得通透轻灵，思路清晰。

（4）合理的宣泄。一旦发现自己的情绪变化，就要找一个合理宣泄的办法，及时清理情绪垃圾，这样可以使自己保持心态平衡，理性和冷静地面对问题。

（5）让自己富有幽默感。这是减轻精神压力的好办法。心理因幽默放松后，精神就不会那么紧张了，在遇到事情时，自然能够迅速让自己进入理性的思考状态。也可以多看一些幽默小故事，不要去想它庸不庸俗，只要能逗你开心一笑就行。久而久之，你也会慢慢变得幽默起来。

（6）顾及他人的感受。很多时候，人们在遇到问题时，往往只会考虑自己的感受，不能顾及他人的感受，所以，会做出欠缺理性的行为。

（7）处理好与周围人的关系。不要怕吃亏，不要总希望自己是利益获得者，要学会付出，养成奉献精神，这也是情商开发的一个方法。因为你肯为别人付出，所以才不会因一些事情斤斤计较，与人发生不快。

（8）培养进取心。高情商的人往往都具有很强的进取心，有了进取心就会对未来充满希望，也会有做事的激情和动力。自然也能在遇到问题和困难时，克服自身的不足，让自己冷静思考解决问题的方法。

当然，培养冷静思考和处理问题的能力，不是一蹴而就的事，这需要人们不断地修炼、调整自我，使自己的心态平和起来，这样就不容易掀起波澜。

对于紧急事态引起的情绪波动，我们如何能做到快速地让自己冷静下来，而不至于因为愤怒、沮丧或是恐惧做出过激行为呢？出现这种情况时，不妨用以下几种办法，让自己的心情恢复平静。

（1）问问自己这件事对你来说真的很重要吗？这样问的目的是帮助我们能从更有效的视角去看待这件事，而不至于因为狭隘的心思使矛盾进一步激化。我们可以这样问自己：

A.“谁在乎它呢？”这样问了之后，也许你会发现，这件事其实没什么大不了的，不值得大惊小怪。

B.“这件事会不会对自我未来的几年有很大影响？”一般情况下，我们之所以这样问自己，无非就是想对自己的想法和情绪进行重新调整。当问出这样的问题后，你就会明白自己潜在的用意，也就是自己本来的意愿就是为获得更积极的想法，因此，对于眼前的事情就不会再耿耿于怀了。

（2）不要再发呆了，做点有意义的事吧。出问题后，不要只是愣愣地待着，因为发呆对解决问题不会有一点帮助，而且极有可能会让自己的想法陷入恶性循环中，使自己的情绪更加低落。所以，最好的办法是走进人群，接触一些有趣的事和人，这会让你的心情开朗起来，使你的精神得到放松，而不会再因为没必要的琐事大动干戈。一般情况下，只要找到有趣的事做，就不会再把一些小事放大，过激情绪也会慢慢平复。因此，不要花太多时间去分析生活，应多做一些能使你快乐的事，尤其在负面情绪下，一定要学会转移注意力。

（3）“别人会怎样做？”当问题出现后，问问自己，别人会如何对待，这样问可以帮助自己找到一个新的看问题的视角。比如，你可以问问自己，如果是朋友Y，当他处在自己这个位置时会怎么办？也可以问问自己，如果是父亲或母亲呢？他们又会如何？一贯冷静的同学H会像我这样吗？

不要小瞧这个办法，它真的可以帮你找到新的角度，将你从眼下的负面情绪中解救出来，让你逐渐冷静。可能你觉得这的确不算什么大事，但这个办法的最大好处是，能让你转换思维方式，更快地找到解决问题的办法。

冲动是魔鬼，它会让人失去理智，做出不该做且令人后悔莫及之事。关键时刻能冷静地思考和处理问题，也是情商高的表现。因此，培养冷静的个性对自己提升情商是有益的。

4. 怎样培养察言观色的能力

人的社会性决定了人们在社会生活中，为了自身生存发展的多种需求，需与他人进行交往，建立起各种关系。一个人人际关系的好坏，可以体现出他的个人综合素质，这也是他在事业上有所成就，创造快乐人生的前提条件。良好的人际关系对身心健康是有益的，人际关系不好则会为自己带来不良影响，甚至会导致个体心理失衡，引发各种心理问题，如焦虑、抑郁等。由此可见，懂得如何处理人际关系是非常有必要的。

那么，在人际交往中，怎样才能更好地处理各种关系呢？想要解决这个问题，先要知道在人际交往中需要注意的一些地方。

人际关系包含三个心理现象，即人际认知、人际情感和人际行为。其中，人际认知是指双方对自我和他人及人际关系的认知，包括感知、识别、理解。对自己的认识就是要清楚自己的爱好、能力、需求等个性特征以及对自己的社会角色的认知。对他人的认知，主要从其外在特征、行为表现上来推断他的态度、思想、性格和动机等心理特征。对他人的认知在人际交往中非常重要，因为通过对方的言谈举止，可以识别出他们的情绪变化，哪怕只是微妙的变化，也同样可以识别出来，这样就能及时采取应对策略，作出合宜的回应，从而获得良好的人际关系。高情商的人都有洞悉他人性格和情绪的能力，并能以此来调整自己的言行。因此，他们都有着良好的人际关系。

人际交往绝不是件简单的事，不用心识别自己和他人，就很容易作出不妥当的决定。尤其要学会用心识别他人的行为，因为人的行为背后往往隐藏着相应的感情，只有通过对行为的细致观察，才能发现相应的情绪状态。通常，在特定情况下，人们处于自我防卫和保护的本能，在交往中会将一些真相隐藏起来，甚至用一些假象迷惑他人。当然，这是一种正常的心理状态，无可厚非，只是此种行为会对我们对其进行识别造成一定的困难。不过，人的情绪和肢体语言往往会暴露出他的真正意图，只要他不是一个在这方面经过特殊训练的人，我们就可以从中发现端倪。如果一个人具有识别他人情绪的能力，就可以采取相应的策略应对，这样交往起来就会更容易，人际关系也会朝着和谐的方向发展。那么，我们如何从一个人的言谈举止来正确认知背后隐藏的情绪呢?

● 从他的眼神中去捕捉有用的信息。当一个人的内心有了某种变化时， 他的眼睛一定会有些变化，如视线转移、瞳孔变大或变小等。一般来说，这些举动是能够反映出他当时的心情的。当然，有时候眼神也可以用来伪装自己的真实想法。如领导批评下属时，下属的目光很专注地看着领导，好像他对领导的话很感兴趣，其实，他的内心想法可能恰恰相反，只是他不敢表露出来而已。

● 观察对方的肢体动作。肢体动作是能够表达出一个人某种特定的内心感受的。如一个人在拘谨和不安的状态下，会不自觉地揉搓双手，挑衅时则会将两手叉在腰间。笔直僵硬的坐姿是一种紧张的表现，而深坐在椅子上，则透露出居高临下的心理状态。

了解他人的肢体语言，是体察其情绪的一种方法，如果一个人能够对他人的肢体语言进行分析，并对此加以判断，了解到此刻对方的情绪，就可以顺着他的想法加以引导，让对方朝着自己意愿的方向走。这样，与对方交流时就能做到进退自如。

● 从对方的话语中听出情绪变化。与人交流的一个最重要的环节不是说，而是听。倾听是一门艺术，从一个人说话的语调以及他话语的深层含义中去仔细体察的话，往往能够准确地判断出他的情绪。语言是一个很复杂的东西，同样的一句话，在不同的情景下，用不同的语气说出来时，它所表达的意思也是不同的，甚至大相径庭。所以，要学会倾听，以便从他人的话语中体会出对方真切的情绪。

● 从对方的声音中去体察其情绪。为表达自己的存在，人类在声音中添加了自己的情绪，如委婉的声音、悲愤的声音、恼怒尖利的声音等。人们将自己的情绪用对应的声音表达出来，可以达到某种特定的效果。虽然有时候，人们会刻意用声音来掩藏自己话语中的真正含义，但总会在不经意间泄露出内心的声音，被有心人捕捉到。在交流中，一个人的说话音调忽然抬高，说明他此时满怀浮躁；如果一个本来沉默寡言的人，突然能言善辩起来，往往表明他正在刻意隐藏自己真实的情绪；说话语气暗昧之人，往往是在故意逃避责任。

从对方的语速中体察情绪。一个说话时，语速突然变得比平时慢，多表示他对对方有不满情绪或是产生了敌意；而一个人在交流过程中，说话速度突然加快，那多半显示对方有弱点存在，或者表示他所说的话不一定真实。

从他人的笑容中体察情绪。人的笑容有很多种，如微笑、傻笑、苦笑、含蓄地笑、讥讽的笑、皮笑肉不笑等。笑容能表达出很丰富的内容，因此从对方的笑容中，也可以观察到他的内心想法。

表情语言是人际交往中的一种特殊语言。与人进行交谈时，如果你用心观察他人的表情，不仅可以觉察到他的内心世界，还可以从对方的一些小动作中，看出他对谈话的内容是否感兴趣。当你看到对方下意识地挠头、打哈欠、脚板轻敲地面时，就要意识到你的话可能让对方不感兴趣，你应该尽快终止对话，或是变换话题。

俗话说，人的表情就是情绪变化的晴雨表，表情可以泄露一个人的情绪。因此，要知人就要学会察言观色。一个人有了察言观色的能力，就能够在人际交往中，赢得他人的喜爱，使自己的人际关系处于良好的局面。

5. 怎样培养自己的专注力

专注力就是我们平时所说的注意力，它是指一个人专心做一件事的能力。专注力对人们十分重要，它能以某种专注的方式，使自我控制力发挥巨大作用。之所以这样说，是因为一个人想要做到专注某一件事或某个行为时，需要强制自我，让自己将所有分散的精力集中到一处。如果做不到，就说明他的自我情绪管理不合格。而情商中很重要的一个部分就是自我情绪管理能力。拥有这种能力的人，他的情商也很高，他能控制自身能量，并使其发挥作用。

人们在进行感知记忆和思维等认识活动时，必须注意力集中，否则很难进行下去。注意力是打开心灵的唯一门户，一个人能学到多少知识和技能，就取决于他的专注能力。可以说，专注能力越强，学到的东西越多。如果一个人注意力涣散或者根本集中不起来，他想要获取的信息就无法进入大脑。

另外，心理学研究还表明，专注力可以让人摆脱内心的恐惧。很多歌手或演讲者初次登台时，因为没有经验，面对观众往往会紧张、恐惧，而当他们进入演讲或歌唱的状态，将自己的注意力全部集中在对歌曲的诠释或演讲的投入上时，紧张、恐惧的情绪便会消失。所以说，提升专注力，也是培养情商的一个很好的方法。

生活中，很多人的专注力都不强，无法将全部精力集中到一件事上，也不能控制自己不去注意一些无关要紧的事。无法集中精力，就没办法很好地完成某项工作或提升学习效率，那么如何通过对专注力的培养，使自己的自制力得以增强呢？想要拥有专注力，需要加强以下几个方面的训练。

（1）学会时间管理：将自己的时间进行合理分配。这主要包括两个方面，一个是做时间记录，另一个是要不断提醒自己、督促自己。开始时，只要能让自己将专注力用在某一件事的时间达到15分钟即可。同时，学会利用零散的时间去关注某件事。如果能长时间地坚持做，专注力就会慢慢得以提升。

（2）设定界限。在做某件事之前，给自己设定一个时间界限，告诉自己必须在多少时间之内将其完成。这样做是强制自己的大脑去专注那件事，因为时间有限。

（3）选择先做重要的事。给自己制定一些规则，如果没有完成今天最重要的那份工作，就不可以玩游戏，逛商城。这样做的好处是，给所要完成的工作进行一个级别划分，并告诫自己先将重要的事情做好，然后再专注其他事。

（4）杜绝干扰。在工作中，如果总是被周围的环境干扰，肯定没有办法集中注意力，所以，必须排除干扰。那么，如何排除这些干扰呢？关闭自动收信软件和即时聊天软件。因为这些软件开启时，时不时便可接收到信息。无疑，这对工作的专注力会造成很大影响，因此必须关掉它们。人们进入专注状态需要15分钟的时间，如果这期间不断被打断，就根本无法让自己聚精会神。所以，想要聚精会神，就要杜绝干扰。

（5）注意工作场所的安排。工作环境对注意力能否集中也有很大影响，所以要尽量将自己的座位安排在既方便又不受打扰的地方，可以靠近门或与窗户相对，这样对于一些外界的响动，近距离地看一眼便可，不必走来走去让自己过于分心。

（6）理出头绪。工作之前，先把所有需要做的事情梳理一下，否则，鱼龙混杂，肯定会让你无法集中精神。所以，要将一些零散的工作放在一起，专门挑出一段时间去处理它们，剩下的时间则专注地做某一项重要的工作。

（7）清除障碍。遇到棘手问题是工作中难免的事，思路一时受阻也是常事，为了不因为这种情况使注意力分散，可以将遇到的问题写在纸上，这样就算暂时无法解决问题，也不会因此而变得心猿意马。

（8）营造一种进入状态的气氛。每天在工作前，营造出一种工作气氛，这样大脑就会有一种“进入工作”的认知。这种气氛的营造可以因人而异，如在工作前，先喝一杯茶，然后将要做的手头工作按顺序整理一下，或是打开文档等。每天如此，便会让大脑记住这样一种特定的形式，形成记忆习惯。久而久之，大脑会自动提醒你进入工作状态。

（9）明确自己办事的动机。清楚做事动机可以帮助自己集中精神，快速完成工作。要弄清楚自己需要做什么事，如果这件事完不成会带来怎样的后果，这样就能逼迫自己进入专注的状态。一般情况下，人们倾向于避免痛苦的动机，所以，为了让自己能够做到专注，可以想象一下因为没有完成任务会让自己体验到的痛苦，这样也能帮助自己全力以赴地去做好一件事。

图4-5-1　国际情商12项

（10）先做好一件事后，再去做另一件事。选好先做的某件事后，就要集中精神去做，不要东一锤子，西一榔头，这样永远无法让自己专注。给自己制订一项计划，设定好在某段时间只能去做某事，完成后，再去做另外的事情。在没有完成的情况下，不去碰其他的事。这样也会让自己慢慢养成专注的习惯。

（11）给自己一些适应的时间。感觉内心烦乱时，可以给自己一点时间进行反省，认真思考一下存在的问题。一个人独处或有效地学习、自省时，不仅能让自己内心有所悟，还能学会专注。所以，可以利用冥想法来让自己进入与自我交流的状态，从而体察到自己内心的声音。

没有专注力，再聪明的头脑都不可能做好某件事。可以说，专注力对一个人能否做出成就关系很大。因此，人们要学会自我控制，做事时，尽量将注意力高度集中起来，从而快速高效地完成任务。

附：领导者个人魅力测试训练题

1. 初次见面，你能否通过与对方交谈，对他的言谈举止、知识能力等有一个正确的判断？

A.不能。

B.不好说。

C.应该可以。

2. 与人分别时，再约的时间、地点是：

A.提出约会的是对方。

B.没人提。

C.我提的。

3. 初见某人时，你的表情：

A.热情、大方、诚恳。

B.大大咧咧，很随便。

C.紧张、羞怯。

4. 能否在与人寒暄后，便很快找到彼此喜欢的话题？

A.很容易。

B.很难。

C.需要一段时间。

5. 与人谈话时你的坐姿是：

A.两膝并拢。

B.叉开两腿。

C.翘着二郎腿。

6. 与对方交流时，你的眼睛看向哪里？

A.直视对方的眼睛。

B.看他人或别的东西。

C.盯着自己的衣扣或把玩。

7. 与人交流时，你选择的话题是：

A.双方喜欢的。

B.对方感兴趣的。

C.自己喜欢的。

8. 初次与人交流时，彼此占用的时间通常为：

A.差不多。

B.我少对方多。

C.我多对方少。

9. 与人交流时你的音量：

A.很低，别人需仔细听。

B.低沉、柔和。

C.热情、洪亮。

10. 你与人交流时的样子是：

A.偶尔会带些手势。

B.不会指手画脚。

C.会用姿势对言语表达进行补充。

11. 你的语速如何？

A.很快。

B.很慢。

C.适中。

12. 遇到别人谈论你提不起兴趣的话题时，你的反应是：

A.打断话题，谈论其他话题。

B.沉默、忍耐。

C.也会认真听，并从中找到乐趣。

本测试题的评分为： 1.A=1 B=3 C=5　2.A=3 B=1 C=5　3.A=5 B=1 C=3　4.A=5 B=1 C=3　5.A=5 B=1 C=3　6.A=5 B=1 C=3　7.A=3 B=5 C=1　8.A=3 B=5 C=1　9.A=3 B=5 C=1　10.A=3 B=5 C=1　11.A=1 B=3 C=5　12.A=1 B=3 C=5

诊断分析：

12~22分：首次效应差。虽然你愿意与人交流，但可能因为你的一些不良习惯或者是语言无趣，给别人留下的印象会不太好。请记住，第一印象在交往中很重要，所以要认真对待。

23~46分：首次效应一般。既有令人愉悦的地方，也有不够精彩之处，这是你初次与人接触的表现。你对别人虽没有太多吸引力，但留给他人的印象并不坏。所以，你要做的是提升自己的魅力，在与人交流的过程中注意细节。

47~60分：首次效应好。你会在第一次留给别人很好的印象，因此，他人愿意与你做进一步接触。

第五章

情绪管理：建立起强大的情商管控体系

要管理自己的情绪，而不是压抑

怎样建立强大的自我调节能力

怎样学会在逆境中生存

怎样在被动的局面中不让情绪失控

怎样运用逆向思维来实现高效的情绪管理

提高情商，就是把不能控制的情绪变为可以控制的情绪。情绪管理是提高情商的关键。对于一个组织和团队来说，通过情绪管理的力量，能稳定队伍、提高绩效。

人的情绪可分为积极情绪和消极情绪。情绪管理针对的是消极情绪，就是通过管理，将消极情绪及时有效地转化为积极情绪。对于团队管理者来说，情绪管理的好坏，直接关系着团队的存亡。现实中，有时无论管理者怎么给团队员工鼓劲打气，员工就是找不到工作的兴奋点，依然存在情绪低落、办事效率低下的情形。员工刚加入团队时，往往都干劲十足。然而，待他手头上的工作或业务熟练起来后，工作的热情和积极性马上就消减了下来，甚至出现了懒散的状态。并且，这种情形还会如瘟疫一样，蔓延、感染别人，从而让团队出现暮气沉沉的现象。

所以，情绪管理不能靠压抑、打击、干涉等粗暴的方式对待，应该基于人性之上、理性之上来实施有效管理。只有这样，才能减少失误，避免损失，变不利为有利。

1. 要管理自己的情绪，而不是压抑

生活中，接触交往的对象或环境不同，总会让人产生喜、怒、哀、乐、悲、恐、惊等不同的情绪。其中，既有良好积极的情绪，也有不良消极的情绪。很明显，前者对工作和学习来说，起的是一种激励促进的作用，而后者对身心健康和人际交往所起的都是破坏作用。当不良消极的情绪来袭时，如果能做到主动管理自己的情绪，既不任其蔓延，又不无谓地压抑，对于提升个人进步无疑是极为重要的。

那怎样管理自己的情绪呢？经过一些心理学家和行为学家的长期摸索总结，得出了如下行之有效的方法。

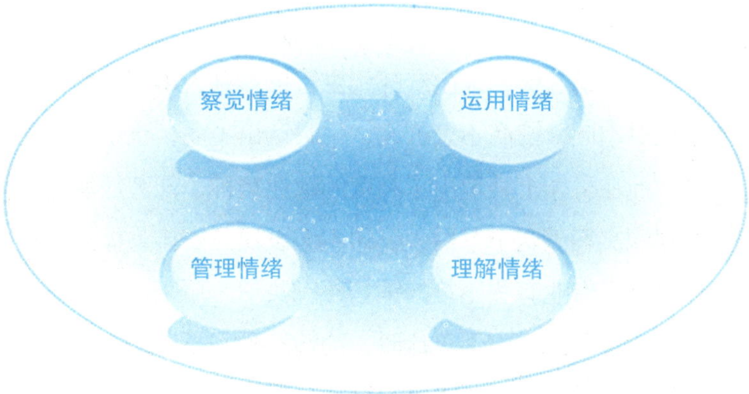

图5-1-1　情商拓展训练

第一，事先感知自己的情绪。

投入工作或参与一些社交活动之前，感知一下自己对工作或社交活动的心理取向。这时，针对自己的心情，多问自己几个问题：“我现在的心情怎样？”“我现在的身体状况怎样？”“我对自己即将进行的工作或社

交活动有抵触吗？”“出现什么样的情形会让我生气？”“出现什么样的情形会让我身不由己？”人都是有情绪的，只不过所处环境和心理承受能力的不同会使人们呈现出不同的情绪状况。所以，学会事先感知自己的情绪，不刻意回避或压抑自己的情绪，是进行情绪管理的第一步。

第二，认识情绪失控的危害性。

俗话说，大怒伤身，乐极生悲。这都是情绪失控给人们带来的明显伤害。生活中常见的现象是，人们一看到阳光明媚就会心情愉悦，一遇上阴雨连绵，就会心情低落；考试考好了，就会手舞足蹈，考试考砸了，就会垂头丧气……这些心情尤其是负面的心情，如果人们处理不当，就会酿出严重的祸事来。

海格斯与约翰逊在大学时学的是同一个专业，并且是在同一天被同一家大的制造公司录用。未分配岗位前，两人都在生产部门实习。海格斯性格开朗，情商颇高，在实习岗位上，很快就赢得主管们的好感。不出两个月，就因为他广结善缘而被生产部门主管推荐到人事部门独当一面。而约翰逊性格相对内向，情商不怎么高，平时话语不多，也不爱在人前表现自己。不过，他在工作上表现出了高度的敬业精神，任劳任怨。然而，约翰逊在生产部门实习满两个月后，公司不但没提升安排具体的工作岗位，反而调他到与自己专业有些不符的销售部门实习。后来，又被调往配料、仓库这样的“基层”部门实习。这时，约翰逊听到了一些人的风言风语，说公司之所以这样做，是因为生产主管向公司高层说了他的坏话。他听后“恍然大悟”，自己之所以沦落到这个地步，就是因为当初没能像海格斯那样讨好生产部门主管，从而遭到了他的报复。约翰逊越想越觉得窝火，总想找个时机发泄一下。终于有一天，他在公司与生产部门主管“狭路相逢”，一下子情绪失控，责问之余，竟然对生产主管拳脚相加。他的这一举动，一下子惊动了公司高层。原来，公司的总经理暗中考察时发现，约翰逊工作扎实，看上去十分稳重，就有意培养他成为公司的骨干。为此，他特意安排约翰逊在公司多个部门历练，没想到约翰逊会干出这种事来。当即，总经理作出辞退约翰逊的决定。事后，当约翰逊得知公司高层的用意后，懊悔不已，但他不得不为自己的情绪失控付出沉重的代价。

这个事例表明，情绪失控所带来的危害并不缘于情绪本身，而在于情绪的表达方式上。之所以说“一失足成千古恨”，都是与情绪失控有直接关系。如果事先就明了情绪失控的危害性，那么，人们就会在工作或社交活动中学会防微杜渐，让理智来操控自己的头脑。高情商的人一般都能管理好自己的情绪。

第三，学会转移情绪，避免刺激。

根据生理学知识，人在悲伤、忧愁、生气的时候，大脑皮层会出现一个强烈的兴奋灶。人如果能将兴奋灶保持在平和状态，就能恢复心理平衡，从消极情绪中走出来。比如说，当消极情绪来临时，不妨去听听音乐，看看影视，玩玩游戏或畅想一些美好憧憬，这样就可以转移注意力，使人从消极情绪的牛角尖中钻出来。这实际上是一个自我降温的过程，最有成效的一个方式是让自己笑起来。

在英国的伍特郡，一位官员的妻子突然间变得成天不吃不喝，只知道胡乱叫骂。家人为她请了不少医生，也给她使用了不少药物，但半年多的时间里也没见成效。后来，他们从朴次茅斯请来了当地有名的医生詹姆斯。詹姆斯看后，既不开药用方，也不采用手术，而是叫来两个老女人，在患者面前故意做出滑稽动作，结果引得患者停止叫骂，大笑起来。随即，他又叫两个老女人做摔跤表演。患者看后，大笑不止。然后，詹姆斯医生又叫来两个妇人在一旁吃饭，做出吃得津津有味的样子。患者看着她们吃东西的样子，也跟着吃起东西来。就这样，她的怒气平息了，病也消失了。

这个故事充分表明，笑能治百病，尤其是情绪病。美国医学家研究发现，经常开口笑，能防止传染病、头痛、高血压，且能有效减轻精神压力，因为欢笑能够刺激体内免疫物质的分泌，从而帮助人们抵御病菌对肌体的侵袭。每天多笑一笑，甚至哈哈大笑，可以起到调节身心，增进健康的作用。所以，当一个人处于消极情绪包围之中时，不妨让笑声成为战胜自我的动力。

第四，不要压抑情绪，要学会适宜地宣泄情绪。

当消极情绪充斥自己的身心，让你无法做到宽宏大度，而有的只是牢骚满腹的时候，采取适宜的方式让自己的消极情绪宣泄出来就显得很有必要。所谓适宜的宣泄，指的是选择适当的场合，采用适当的方式，来排解掉心中的消极情绪，从而避免消极情绪对自身和他人产生危害。在日本，像丰田这样的大公司，都会专门设置一个宣泄室，里面设置着公司高管的人身模型，员工们要是在工作中遇到什么不顺心的事，就可以到宣泄室中对这些模型拳打脚踢，以此来发泄心中的郁闷和不满。这实际上是一种十分行之有效的宣泄消极情绪的方式。现实生活中，不一定处处有这样的场所来供人们发泄消极情绪，但人们可以采取下面的方式来宣泄消极情绪：

（1）喊。通过急促、强烈、无拘无束、歇斯底里的喊叫，将内心郁积的不良情绪发泄出来。如此一番过后，心里就顺畅多了。

（2）哭。科学研究表明，哭是一种有效的自我心理保护措施，能够释放不良情绪，调节机体平衡。事实也表明，哭能够解除紧张、烦恼和痛苦。许多人哭过后，痛苦、悲伤的心情大为减缓。

（3）诉。千万别把不愉快的事情积存在心中，这样是在压抑自己，让不愉快成为心理负担。当消极情绪来临时，不妨找亲朋好友倾诉自己的烦恼。这是一种良好的宣泄方法，既能排遣心中的郁闷，还能得到别人的安慰。正如培根所说："把快乐告诉一个朋友，将得到两个快乐；把忧愁向一个朋友述说，则只剩下半个忧愁。"

（4）动。情绪低落时，通过运动来快速转移注意力，能避免消极情绪的恶性循环。运动的方式可以选择跑步、打球等体育活动。运动本身可以创造出快乐，对控制和改变不良情绪具有非常好的效果。

其实，管理情绪的目的，就是让人拥有健康的心理。一个人只要能管理好自己的情绪，他就能拥有健康的心理，拥有美好的生活。

2. 怎样建立强大的自我调节能力

生活中有惊喜，有意外，也有不如意。不如意来袭时，首先给人带来的是情绪上的激烈变化，准确地说，是消极情绪的激烈变化。然而，对于不同的人，这些变化的程度是有明显不同的。事实表明，那些拥有高情商、能成就事业、各方面长人一步的人，他们在各种境遇下，都能做到始终保持情绪稳定，有些人甚至达到了泰山压顶不变色的程度。他们之所以能做到这一步，就是因为他们的内心已经具备了强大的自我调节能力。

医学研究表明，焦躁、怨恨、抑郁、愤怒等消极情绪不仅对人的健康具有极大的危害性，而且是事业的头号杀手。为此，人们开始有了遵循科学方法的各种行动。他们采取诸如自我暗示的方式，来稳定情绪，改善心理，让头脑保持冷静。或者采取“难得糊涂”的心态、精神转移的方式、压力释放的做法来进行自我调节，以让消极情绪得到有效缓解。但是，这些做法多有应急的意味。真正能让消极情绪远离自身的最有效做法是建立强大的自我调节能力，只有建立起强大的自我调节能力，才能真正做到处变不惊、压力面前不动摇，让自己朝着既定的人生目标不断前进。

让自我能力变得强大，实质上就是打造过硬的心理素质。科学研究表明，过硬的心理素质，都是以下几种要素的不断培养和共同作用的结果。并且，它们之间存在一定的关联性。

第一，积累丰富的阅历。

没尝过海水，就不知道它又苦又咸；没攀过高山，就不知道它又艰又险。每个人的人生起始阶段，他的思想和活动范围都会局限于有限的范围内。在这一过程中，他体验不出人生的广度和宽度，感悟不出生命过程中的热情、勇气以及事物的是非曲直。这时候，就得通过阅历来提升自己，从而使自己不成为生活中的迷惑者。

阅历，即一个人通过接触外界而掌握的认知经验。阅历的提升是一个日积月累的过程，通常认为，获取阅历的捷径包括与人沟通交流和亲身实践等方式。

从社交的角度来说，沟通交流能够让沟通双方消除隔膜，从而减少摩擦。对于隔阂的双方来说，还能够解开彼此的心结，创造一个顺畅、愉悦的人际关系。从增长阅历的角度来看，沟通交流是一个学习的最佳方式。它可以帮助人学到书本上学不到的人本身的各种差异，从而培养人的鉴别能力。从实现积累阅历这个目的来看，沟通交流就是要学会与不同的人，包括不同地区、疆界、语言的人进行多方位的交谈，这样既可将他人的阅历化作自身的阅历，也可以从交谈对象身上学到不少如学识、谈吐、气质之类的做人的特色。可以说，阅历积累的过程，也是一个不断完善自我，提高个人修养的过程。

俗话说，实践出真知。与人沟通交流，也可算是实践的一个组成部分。但是，生活的目的并不是为沟通交流，而是要解决问题、开创局面。所以，投身于事业的实践，才是增长阅历的最有效途径。实践中得来的阅历，其实质是一种发现问题、解决问题的能力，即人们常说的才干。真正有才干的人，面对各种难题，遭遇各种不测，都会有一种强大的自信支撑着他处变不惊，从容应对。

大发明家爱迪生一生重大发明无数。然而，有一次，一把无情的大火把他的实验室里所有的一切都烧成了灰烬。对此，爱迪生站在废墟上镇静地说道："现在，我们又可以重新开始了。"

在灾难或打击面前，只有懦夫才会颤抖。当然，也只有像爱迪生这样拥有阅历及高情商的人，才能成为生活中真正的强者，成为屹立于世的丰碑。

阅人无数，你才会知人善任；亲身感知体验过，你才会心中有数，才会遇变镇定自若。所以，丰富的阅历，首先于个人的心理来说，就是一种开拓事业的底气。底气足，内心自然强大。

第二，打造开阔的视野。

古话说，“欲穷千里目，更上一层楼。”只有站得高，才能看得远。一个人立身处世，其事业上所取得成就的大小，与他的视野往往成正比关系。一个鼠目寸光、视野狭窄的人，注定是干不了大事业的。当年的红顶商人胡雪岩说过这样的话：“你有一县的眼光，就会有一县的生意；你有一省的眼光，就会有一省的生意；你若有天下的眼光，就会有天下的生意。”现实告诉人们，一个人有坚强的事业心固然很好，但是，如果自身没有开阔的视野，他做起事来就会缺乏战略的头脑，永远不会开创出前无古人、旁人无及的新局面，只能跟在别人后面人云亦云。那么，怎样才能增加自己的阅历呢？最快捷和最有效的方式莫过于阅读和旅行。

阅读，通常指的是阅读前人或他人的书籍、学术成果，以此来了解一些自然科学、社会科学以及各地风土人情方面的知识。但是，世上的书籍浩如海洋，如果为阅读而阅读，在时间有限的情况下，会让人成为一个书虫，反而无益于正在投身的事业。所以，既要广泛阅读，更要善于阅读。书籍上所载的都是浓缩的知识、经验，包括一些即时出现的见闻，可以让人减少亲历亲为的环节而直达目的。据此来说，阅读是一种高效、快捷的开阔视野的方式。

旅行不仅能开阔视野，还能调节身心。旅行，能让人感知外面世界的精彩，体会各地的风土人情。另外，在一个地方待久了，人的思维会产生一种疲劳感。处于这样的心境，什么发明创造、奇思妙想都会置于封闭，有事业心的人也会处于停滞不前的状态。所以，古人说读万卷书，行万里路，其实就是从人本身的角度提出的，目的就是让人开阔视野，有事业进取的动力。

“会当凌绝顶，一览众山小。”当你打造出开阔的视野后，遇事时就不会瞻前顾后，畏首畏尾，进而就有了一种驾驭全局的魄力和本领。

第三，练就强健的体质。

人都说，身体是革命的本钱。从生理的角度来说，人的各种消极情绪，首先都源于人的体质的虚弱。中国过去之所以人见人欺，其中一个直接原因就是中国人的体质太差了，被对手远远甩到了身后，这才有了“东亚病夫”的耻辱称号。同样是奔跑，在体质差的人看来是千难万险，而对体质好的人却是徜徉流连。体质好的人就会永远跑在前面，越跑越有自信，而越自信，心理素质就越过硬，从而形成一种良好的人生循环。想要拥有强健的体质别无良方，唯有持之以恒地进行科学锻炼。

第四，塑就积极的心态。

“祸兮福之所倚，福兮祸之所伏。”同一件事，不同的人有不同的看法。一万个人心中就有一万个林妹妹形象。心态，往往决定一个人的取舍，这些取舍，又与事业的成败相连。成功了，人们皆欢喜坦然。失败时，则马上就能分出人情高下来。这时，一些人选择了怨天尤人，甚至是自暴自弃。而回头来看，它们其实对事业有百害而无一利。正确的做法是，保持积极的心态，保持旺盛的斗志，这样就能于失败中看到希望，从而反败为胜。

人的情绪失控，首先都源于自身的心理过于脆弱。这种脆弱，会让人于风云变幻之中迷失自我，从而做出不理智的事情来，进而招致自己做人、做事上的失败。只有建立了强大的自我调节能力，才能傲立于世，笑对天下。

3. 怎样学会在逆境中生存

生命不息，奋斗不止。这是一句激励人们乐观向上的良言。但是，在现实中，每个人都会不可避免地遇上这样的情形：自己努力了，拼搏了，结果却失败了。并且，这种失败并不同于走路跌倒了再爬起来那么简单，往往会置人于一段漫长的看不到希望的时日中。这就是人生的逆境。

不经意走进逆境，大多数人会在情绪上产生波动，往往是愤怒、抱怨、谩骂、惊慌一起来。显然，这都是负面情绪。面对逆境，人们大多都会选择抗争，而能轻易就在抗争中走出来，也就无所谓逆境了。因此，如果抗争过后，所面对的依然是看不到希望的时日，那么，从情绪上来说，尽管其间多的是冲动的杂念，但是，人们往往都会有意无意地压抑它们，甚至产生自卑的心理。这时，表面看来一切都处于平静之中，但实际上，那些被压抑的情绪就如同病菌，无时无刻不在无声中吞噬着人的激情、梦想，最终让人于沉默中泯灭希望，彻底沉沦下去。因而，既要做到在顺境中善待别人，也要做到在逆境中善待自己。当逆境来袭或身处逆境时，千万别置自己于不良情绪中不能自拔，要学会让情绪发声，让积极情绪重聚心头。让情绪发声，就是别让情绪由低落到低沉，进而到哀怨，而是通过生活的场景让它有效地释放出来，从而振作精神，重新燃起生活的希望。对此，美国的一些行为心理学家从提升情商的角度给出了一些指导措施。

第一，保持微笑，昂首走出去。

也许有人会说："我已身陷债务的牢笼，前有银行催款，后有财主要债，房子抵押了，家产冻结了，爱人分居了，家人变脸了，叫天天不应，叫地地不灵，你叫我还怎么笑得出来！"不错，这就是逆境，也是消极情绪之源头。而对此，难道就只能眼睁睁地看着自己倒下去？生活，就是为生存而活。要想改变逆境，首先得让自己活着。你哭也是活，笑也是活。哭能伤身，笑能健身，何不让自己笑！活着，就在于运动。怎么运动？走出去。只有走出去，才能寻找到新的机会，才会有新的发现，才会有新的追求。走出去时，当然得保持微笑。微笑能拉近人与人之间的距离，让你广结善缘，从而建立起人脉，帮助自己赢得获取资源的支撑力。微笑是高情商的表现，它能助人融洽人际关系。微笑着走出去，在融洽关系的同时，也会平和你的内心，从而让你远离消极情绪，助推你的事业迈向光明之路。

第二，把思想单纯化。

情绪的波动大，通常都是与自己的期望高、要求多有关。比方说，要求别人都按照自己的思路或意图行事，或者把自己的生活目标定得太高，脱离实际等。当这些要求或目标不能实现时，消极情绪就会涌上心头。这些问题的实质，就是人为地把自己的思想复杂化了。明明时过境迁了，仍然对不开心的事耿耿于怀；明明手头只有半斤米，偏要它做出一斗饭来。这种思想，在通常情况下多多少少都能得到消散或满足，也就表现得不明显。可是，处于逆境中时，它就会产生积聚，进而爆发。而把思想单纯化，实质上就是排遣掉心中多余的欲望，从而不让人的行为受欲望的驱使。

英国的伦代尔曾一度为自己经营的事业破产而耿耿于怀，以致情绪低落，意志消沉。后来他接受一位心理学家建议，邀请一些意气相投的朋友们聚餐。聚餐时，他闭口不谈自己已经破产失业一事，而是像平时那样，彻底放下身心，慷慨解囊，与朋友们一起谈笑风生，享受着人生中难得的友情和乐趣。本来，他把这次宴请当作自己的单方面举动，谁知他的那些朋友受他的热情感染，随后纷纷回请他。就在这你来我往的过程中，伦代尔突然间发现，生活如此美好，人生有太多精彩之处。于是，他彻底放下思想包袱，将消极情绪一扫而光，重新振作起来。

这个事例说明，导致情绪化的原因主要在自身，在于自身的思想观念上要求太多，绑缚太重。给自身松绑，实质上就是去除消极情绪根源的一个过程。

第三，做一些不合自己心性的尝试。

每个人都有天赋，都有特长。投身社会后，人们往往会选择遵循自己的天赋去发挥自己的特长。这样的选择，本身是非常符合人性的。但是，凡事都是利弊共存的。弊的一面是，缺少了对其他生活面的了解和认知。什么样的事是不合自己心性的事呢？就是让自己心性上感到反感和抵触的事。比如说，你平生特别爱运动，到哪儿都会跑出去锻炼热身。如果有人制止你这样做，就是不合你心性的行为。人的心性往往也与生活习惯有关。做一些不合自己心性的尝试，也可以说是换一种活法。这样做，既能让人扩大生活视野，也能让人于情趣上有意外收获。

爱丽丝生性孤僻，生活中喜欢独来独往。没想到，有一次她在山中迷路了。所幸的是，她恰好碰上了一支旅游团，并被旅游团中热情的女士们包围。大家七嘴八舌，都说她与这附近的景物配备起来，就如同天仙一样美。大家充满善意的赞美，致使爱丽丝非常激动，一下子悟出了心结所在。原来，她之所以孤僻，在于自小父母离异，家境较差，因穿着差而遭到小伙伴们嘲笑的缘故。她回去后，仔细审视自己，果然发现自己的确如众人所赞美的那样，一下子信心大增，很快改变了自己孤僻的心性。

这个事例中，爱丽丝的改变纯属偶然，是在被动情形下接受的。但它所揭示的生活内涵同样能说明，尝试一些不合自己心性的事，有时会取得奇效。当然，像爱丽丝这样的情形可说是可遇不可求。所以，对于一般人来说，必须采取主动，方能有收获。不喜欢运动的人，尝试一下踢踢球，爬爬山；五音不全的人，大着胆子在人面前吼上几嗓子；搞管理的也去操作一下机器……这样的尝试，会让人无意间走出心灵的误区，从而于逆境中迸发出新的活力和激情。

第四，看一些经历过奋斗的名人传记。

榜样的力量是无穷的，最易成为大众榜样的是社会名人。名人的头顶上都萦绕着光环。但没有天生的名人，他们能成为名人，也是一步一步走过来的。如果对他们的足迹进行一番回顾，就能看清真相，明确距离，从而发现启迪人生的意义。如何了解名人足迹？阅读他们的人物传记不失为最节约和最有效的方式。

通过阅读，你就会发现，钢铁大王卡内基刚入美国时，可谓两手空空：他没学历，没文凭，没读多少书，没有社会阅历，也没有生活经验。他所拥有的只是勤劳的双手和虚心的态度、吃苦耐劳的品格、扎实的作风、敬业的精神。而这一切正是高情商的内涵。所以，当他遇到挫折、打击时，总能从容面对，化除危机，不让消极情绪影响自己的头脑。

通过阅读，同样会发现，美国石油大王洛克菲勒，年幼时因为家里穷，遭到老师的歧视，不让他参加与同学、老师的合影。在这种逆境中，洛克菲勒锤炼出了高情商，从而助他一路走向了成功。

看名人传记，不是让自己也能达到名人那个高度——起码目的不是这样，也不是让你去攀比，那样反而会起坏作用，而是让你从名人的逆境中感知到人格的力量，从而正确地面对逆境，及时调整心态，消除消极情绪，再造一颗事业心。

第五，做一些适应身体素质的剧烈或刺激的运动。

剧烈或刺激的运动，能够让人迅速从消极情绪中抽身出来。这是身心调节最快捷的一种方法。当然，需要指出的是，这些运动必须与自身的身体素质相适应，不要超过限度。凡事往往是来得快，去得也快。所以，此种方法最适宜被消极情绪折磨得几乎感到崩溃的人。

现代医学表明，压抑情绪，易患溃疡病；自卑、情绪长期失落易患癌症。所以，对于逆境中的人来说，要于生活中积极提升自己的情商，当被消极情绪缠绕时，要敢于发声，及时调整，从而拨云见日，感受生活美好的一面。

4. 怎样在被动的局面中不让情绪失控

在社会活动和人际交往中，总会有一些意想不到的情形出现，而且也会有让人猝不及防的变故发生，这些情形和变故往往会让当事人一时陷入手足无措的被动局面中。这时候，人的情绪波动往往最为剧烈，这些情绪又会对事态的发展起着直接的影响。通常情况下，这种局面下的情绪大都属于消极情绪，如果任其膨胀，必会酿出事端来。

因而，身处被动局面时，要坚决做到让情绪失声，本着解决问题的心态来应对突变。让情绪失声，就是让人的思绪和态度不跟着情绪走，而是采取一种能及时化解纷争、减少摩擦、避免误会的应变措施。哈佛大学心理学教授霍华德通过长期观察发现，面对突然变故，低情商的人极易制造出事端、激化矛盾，让突变变成冲突，并人为地让它逐步恶化。因此，让情绪失声，就是让消极情绪受到及时排遣，使人以平和的气质与人交流沟通就变得很重要。一般来说，可从以下几个方面做起。

第一，培养沉着冷静的气质，以不变应万变。

气质能成为一个人心性的一部分，是要通过相当长的经历磨炼才形成的，这就是气质需要培养的理论依据。俗话说，千万不要头脑发热，反过来说，就是要做到保持头脑冷静。现代医学研究表明，人的大脑如果思索过度的话，就会不断向外界散发热量，同时会抑制向大脑提供的神经营养。这时，人的大脑会处于一种近似混沌的状态。所以，让头脑保持冷静，就是让头脑保持清醒。当这种清醒成为一种气质时，针对事实就会有正确的判断，从而迅速做出应对之策。一次乘坐飞机，机身突然在中途剧烈晃动起来。机内的乘客顿时慌作一团，哭喊声、叫骂声响成一片。而米勒始终保持着冷静。他在注意事态变化，仔细听播音员的播音，并沉下心翻看紧急情况应付手册。结果，在这次空难中，他成了少数幸存者之一。

第二，要善于抓住要害，避免事态恶化。

打蛇打七寸，抓问题抓要害。身陷被动局面，首先想到的一定是应对之策。所谓要害，指的是问题的关键部分。人在情绪失控的情况下，它的要害是失去理智；人在消极情绪的唆使下，它的要害是冲动。抓要害时，要掌握方法。方法对头，事半功倍。

麦迪开车送女友琼斯回家。半路上，一辆车突然以危险的方式超到他们前面。琼斯为此十分生气，逼着麦迪也以同样的方式超越对方。当麦迪表示这样做很危险时，她竟然勃然大怒，责骂麦迪没骨气，是胆小鬼。对于麦迪来说，琼斯的无理要求让他一时陷入了被动之中。他该怎样处理琼斯的无理要求呢？麦迪并没有像一般人那样大讲交通法规、安全条例，而是平心静气地说道："亲爱的，我可不想让你，还有我自己，像劳拉·史密斯那样，躺在手术台上任人宰割。上次他们就是这样被人掀翻的。"琼斯听他这么一说，伸出了舌头，立马安静下来，再也不提超车的要求。

这个事例的要害在于，如果麦迪不答应琼斯的无理要求，会严重影响两人的感情，可答应了她的要求，严重影响的恐怕就是他们的生命了。如果按照正常的思路，麦迪是无论如何也说服不了琼斯的。但他运用活生生的事实来表明超车的危害，既抓住了问题的要害，又解决了问题，可谓一举两得。这种功夫的练就，除了平时细心观察生活并做到灵活运用外，同样还得益于冷静的头脑。

第三，说理时，不要以己之短较人之长。

与人交往时，总会有出人不意之处，包括刁难。面对刁难，大度宽容的心胸虽然可贵，但必要的反击往往更起效果。只是在反击时，既要注意风度，又要注意不要让人拿其长处较你短处。那样，将会置自己于更加被动的局面。

日本偷袭珍珠港后，美国朝野一片愤怒。罗斯福总统坚决主张以牙还牙，对日本实施军事打击。当时，有一位记者不怀好意地说道："总统阁下，美国就像你一样，连站都站不起来，拿什么去打人家？""能！"罗斯福毅然地从轮椅上站立起来，以坚毅的目光直视前方。结果，他的行为赢来全体议员的热烈掌声。最终，出现了美国历史上少有的现象：全票通过了对日作战的决定。

罗斯福是个残疾人，拿他的形象与国家实力相提并论，显然不合理。但是，他以站立起来的实际行动向人们表明，国家的强大并不在形象上，而在实力上，最强大的实力则又在于人的心理素质上。罗斯福并没有情绪化地去应对记者的提问，也没有拿自己残疾的事实去与正常人较劲，而是将自己坚强的内心呈现给大家。这正是他拥有高情商的结果，而也是他受后人敬重的原因所在。

第四，善于运用诙谐幽默的语言化解敌意。

人都是有情绪的，在情绪的支配下，才有了喜、怒、哀、乐等诸般神情。在人际交往或社会活动中，好的情绪固然能对人的行为有砥砺促进的作用，但现实中这样的情绪其实十分罕见，更多的时候，人都会受到消极情绪的干扰，进而让自己成为消极情绪的奴隶，做出一些有损自身的冲动行为来。更为严重的是，生活中有时会凭空出现针对自己的敌对情绪。这时，处理不好就会引发争执，进而无限恶化。

英国的威尔逊总统有一次给公众作演讲，正讲到兴头上，突然台下有人发出了"垃圾、狗屎"的捣乱声。演讲虽受到了干扰，但威尔逊通过一句诙谐幽默的话，不但打压了对方，还赢得了听众们热烈的掌声。威尔逊说的话是："这位先生，请稍安毋躁，我马上就会讲到你所提出的关于环保的问题。"

这个事例中，威尔逊并没有因为人家无礼置自己于被动而大发雷霆，而是通过知识，巧妙地转移了话题，从而让自己成功摆脱了尴尬局面，又避免了纷争。诙谐幽默在公众场合特别具有一种人格上的魅力，它能于无形中打击对手的气焰，让自己于社会交往中占得先机。

第五，以善意化被动为主动。

有人说，比大海更宽广的是人心。这也就表明，人的心胸能够包罗万象，吐纳万物。所以，当自己陷入被动局面时，尽管你对眼前的一切一无所知，表现得不知所措，但一颗善良的心，总是能够帮助你赢来理解、同情和支持。从情商角度来看，善良本身就是一种积极情绪，它能让人远离愤怒、浮躁、抱怨等消极情绪。拥有善良之心，有时能胜过十八般武艺，让人获得善报。

现代医学同样表明，人被急躁情绪包围时，极易患高血压、冠心病等病症。急躁情绪大多都在被动时产生。所以，置身于被动局面时，首先要做到的是战胜自己。被激怒时要迅速恢复冷静，过度悲伤时要及时振作。懂得及时调整身心，适应环境的人，才能营造出和谐融洽的人际环境，为自己的生活和事业增添乐趣，减少阻力。

5. 怎样运用逆向思维来实现高效的情绪管理

缘于生活习惯，人们在处理身边的各种问题时，都会把思维建立在一定的经验或认知上，时间一长就形成了思维定式。这种思维定式虽然能提升人们处理问题的效率，但在处理一些复杂、突变问题时，就跳不出思维定式，只能在原地打转。处理人际关系时，这种思维定式往往会让人际关系僵化，遇到一些有违心愿的变化时，就会让自己置于消极情绪控制之中，从而让人际关系由僵化变为恶化。

人的消极情绪，基本上都是在有违心愿的情形下产生。只不过人的心理承受能力不同，才产生了情绪波动程度的不同。一个十分明显的事实是，高情商的人，他们一定受到过消极情绪的影响，所不同的是，他们能有效抑制、化解消极情绪。为什么他们能做到这一点呢？美国心理学家通过长期的研究发现，高情商者之所以能够及时有效地管理自己的情绪，除长期的社交磨炼外，还在于他们的主动性，即主动采取各种措施将有可能产生的各种消极情绪消灭于萌芽状态。这种主动性始于思维。其中，一个十分行之有效的方法是，打破常规，对事物进行求异性思考，即运用逆向思维。大体上来说，这个方法包括以下几个方面。

第一，以极大的热忱，做最坏的打算。

任何事物其实都有着多方面的属性，但通常情况下，人们都会受过去经验的影响，接触自己熟悉的内容。在人际交往中同样如此。为取得良好的社交效果，谁都会洋溢着笑脸，满面春风地待人接物。

里维尔是一家电气公司的架设工。工作中，他始终以极大的热忱投入工作，并且待人热情，有什么事都抢着干。有一天架设线路时，他看到经理提着工具箱有些吃力地走过来，赶紧像往常那样跑过去，准备替经理提工具箱。谁知经理竟然一反常态，不仅不放手，还冲里维尔不满地大吼道："走开，我可不是三岁小孩！"原来，有人向上级部门打了小报告，说经理从来不干事，是个只知道指手画脚的公子哥，喜欢不劳而获的寄生虫。经理为此挨了上级的批评，此刻正怒气未消。

这个事例中，里维尔可谓好心没好报，情绪上的波动一定非常大。这样的情形在生活中其实比较常见。当它出现时，要想避免情绪波动，最好的办法就是运用逆向思维。待人接物满腔热忱本身没错，如果在这时能事先想到不利的情形，那肯定就会因一切都在自己的掌控之中，而能及时抑制消极情绪。这种事先设想的高度就是往最坏处想。

现实往往是希望越大，失望越大。失望并不可怕，怕就怕在它会让人产生消极情绪。如果能在待人接物之前就把最坏的一面想到（实际上就是对未知做到了心中有数），那么，这时只需理清思路，做出应对变数打算，让一切都处于自己的心理承受能力范围之内，这样自然就会临危不乱，处变不惊了。

第二，从对方的角度来思考。

这种思考的对象可分为两个层次，一个是身份地位比自己高的人，一个是身份地位与自己相当或比自己低一点点的人。

尽管人人平等已成为当今社会的共识，但是，由于社会分工的差异，人与人在处事和交往过程中，也就无法处于对等地位。与比自己身份地位高的人接触交往时，通常出现的情形，不外乎受到对方的赏识、受到对方的轻视或受到对方的批评等。受到对方的轻视或批评，肯定会给人的情绪带来波动，让人感到委屈、生气等。一旦这样的情形发生时，就容易使人陷入消极情绪中。那要怎样才能避免这一情形呢？最有效的方式就是事先尽可能多地了解对方，比如对方的生活习性、工作作风、行事方式、处世态度等。对对方有所了解后，可把自己置于对方的角度，然后模拟一下他与自己交往的情形。这样就能有效避免出现负面情形。

同样，对与自己身份地位相当或者低一点的人交往时，如果也能从对方的角度来思考，就能减少偏见、压制，让彼此都处在宽容的人际环境之中。

第三，变被动接受为主动迎合。

人的本性中，都有一种支配的欲望，总希望他人都按照自己的意图行事。从人际交往的角度来看，这是一种不平等的要求。问题是，现实中的这种情形并不都以盛气凌人的姿态出现，有时，其本身并无什么恶意，甚至还带有帮助他人的好意。比方说，领导发出指令，本周日都去义务帮助孤寡老人。这样的情形，不管你出于什么样的理由来拒绝，首当其冲的是会减低你在领导和同事心目中的形象。这时候，最明智的做法就是，与其被动接受，不如主动迎合。

有些人总是打不开社交圈，人际关系处理得不好，但他们又不明白自己究竟在哪些方面做得不好。这时，不妨采用一下主动迎合他人的做法。这种做法最明显的好处是，能够迅速取得他人的好感。当朋友提出什么观点时，你当即点头赞同；当同事发出什么倡议时，你当即响应；当领导发出什么指示时，你当即行动……那么，这样过不了多久你就会发现，你的人际关系空前大好，处事能够左右逢源。

当然，需要指出的是，迎合别人，并不是无原则地讨好别人、屈从别人。是一种处世态度，一种通过营造良好人际关系来减少处事阻力的一种有效方式。任何时候都要把握做人原则，守住做人底线。

第四，从解析结果来确立自己的行为。

每个人在与人相处或解决事务的过程中，都会有意无意地期望获得一定的结果，实现一定的目的。如果做个有心人，事先把自己所期望的结果作些解析，把它条分缕析，想好解决方法、入手的门径以及采取的步骤，就会因为有针对性、有切入点而抢得先机，从而避免不良局面出现，至少有不良局面出现时能有效应对。

航海的人最害怕的一个情形就是遇上冰层。为应对这些冰层，破冰船就诞生了。最初，破冰船都被设计成依靠自身的重量来压碎冰块。为此，船头都用高硬度材料，船身非常重，转向很不方便。而且，这样的船经受不住侧向冰块的挤压。为解决这个难题，苏联专家运用逆向思维，将向下压冰改为向上推冰。这样的破冰船不但减少了用料、减轻了动力，而且安全性也大为提高，遇到较厚的冰层，能像海豚那样起伏前进，破冰效果非常好。

在这个事例中，专家们解决问题之道就是解析结果。他们把结果解析为两个方面：提升破冰效益，保证船体安全。要实现这个结果，原有的压冰行为就必须放弃。于是，他们改用向上的方式，借用浮力从冰下面向上破除冰块。这种结果解析的逆向思维，对于人际关系的处理具有很好的启示意义——能让人选择更好的行为方式，通过有效解决现实问题来抑制、消除消极情绪。

运用逆向思维来管理情绪，就是要求人们敢于打破常规，以超出人们预期的有效方式，加强人际交往，杜绝不利情形的发生，从而让人时刻处于积极情绪的控制，在生活和事业中拥有良好的精神状态。

附：情商管理训练题

以下是情商管理测试题，能帮助人们测试自己情商管理的能力。

1.你的歌喉让人实在不敢恭维，可是，在一次单位娱乐活动中，领导提出让你在众人面前唱一首歌。这时你的表现是什么？

A.觉得会让自己难堪，所以一口回绝。B.心里直打退堂鼓，可又不好违拗领导，只得硬着头皮上场。C.欣然接受，大方上场。

2.与交往对象约会，你准时到达约会地点，却没见对象的身影。这时你的表现是？

A.十分生气，掉头就走。B.左顾右盼，期望发现对象前来的身影。C.耐心地等待一段时间。

3.父亲和母亲间发生了争吵，处在一旁的你的表现是什么？

A.以大喊大叫来对抗。B.躲到一个角落流泪。C.勇敢地站到父母亲中间，保持沉默和冷静。

4.你的设计成果被宣布成别人的，你的表现是什么？

A.当即提出抗议。B.躲到一个地方生闷气。C.面带微笑，向别人表示祝贺。

5.电脑突然坏了，以前都能自己修好。可这次自己折腾了半天，不仅没修好电脑，反而让电脑的毛病变得更多了。这时你的表现是什么？

A.恨不得把电脑砸了。B.打电话找人求助。C.放开它，去做另一件事。

6.你工作很卖力，但受到表扬的总是别人。当听到别人受到表扬时，你的表现是？

A.感觉领导很偏心。B.压抑住内心的委屈。C.相信下一个会轮到自己。

7.一个在你眼里并不怎么样的朋友，和你去同一家公司面试。结果他被录用，你没被录用，这时你的表现是什么？

A.感到面试官很可憎。B.为自己鸣不平。C.有礼貌地同面试官告别。

8.你平生最怕蟑螂。和朋友一起去餐厅聚餐时，你发现刚喝过的汤里漂着一只蟑螂。这时你的表现是？

A.当场尖叫起来。B.找来餐厅经理，进行指责。C.压抑着恶心感，与同事们商量解决办法。

9.舞会上，舞伴频频踩你的脚，他为此感到很难为情。这时你的表现是什么？

A.当即告诫舞伴，要小心。B.避让着舞伴的脚步，并牵扯着他按照自己的意图走步。C.说几句调侃的话，让跳舞继续按原节奏进行。

10.聚餐时，同事不小心将汤泼洒到你身上。这时你的表现是什么？

A.当即给同事难堪。B.边擦拭身上的污渍，边发出不满的唠叨声。C.把手一挥，就像没事一样。

11.聚餐时，上司不小心将汤泼洒到你身上。这时你的表现是什么？

A.发出委屈的叫声。B.敢怒不敢言，一声不吭地擦拭着身上的污渍。C.缓和气氛，尽量不让领导难堪。

12.今天出门时，邻居家的狗突然冲你汪汪地叫个不停。这时你的表现是什么？

A.大喊大叫地找邻居评理。B. 在附近寻找石块或木棍来驱赶狗。C.避开狗，静静地离开。

13.每次听到自己的负面消息时，你都会非常不开心吗？

A.会。B.不会。C.有时会，有时不会。

14.同事受到领导无端地责骂，哭得很伤心。你对同事的情形非常同情吗？

A.会。B.不会。C.要看同事与我的关系来确定。

15.找了好久，终于找到答案了。你会非常兴奋吗？

A.会。B.不会。C.有时会，有时不会。

16.出门乘车，又遇上堵车了。你会不断地抱怨吗？

A.会。B.不会。C.心情好时不会。

17.当大家都赞同外星人到过地球时，但内心里你不这么认为。这时，你会附和大家的意见吗？

A.会。B.不会。C.视具体情况而定。

18.看到别人比你有钱有人缘，你会非常嫉妒吗？

A.会。B.不会。C.有时会，有时不会。

19.遇到自己崇拜的歌星前来开演唱会。可是，入场的门票非常贵，抵得上你好几个月的开销。这时，你会不顾一切地购买门票吗？

A.会。B.不会。C.视当时的情况而定。

20.自己生活上出现了困难，同事和朋友及时向你伸出了援手。你会产生低人一等的感觉，觉得在人前抬不起头来吗？

A.会。B.不会。C.不一定。

21.恋爱时节，无意间遇上了一位帅哥/美女，你会怦然心动吗？

A.会。B.不会。C.看当时的环境。

22.一个人独处时，你的内心会常常萌生出一些离奇、古怪，甚至是邪恶的念头吗？

A.会。B.不会。C.有时会。

23.看书时，你经常会被书中的一些情节感动得热泪盈眶吗？

A.会。B.不会。C.偶尔会。

24.你本下定决心做一件事，可是，当你向朋友征询意见时，他们七嘴八舌的意见竟然让你一下子变得左右摇摆起来。你会经常遇到这种情形吗？

A.会。B.不会。C.偶尔会。

25.本来公司安排好让你出国考察，而你也非常庆幸能拥有这次机会。可事到临头时，领导把这个机会安排给了别人。你得知后会怎样？

A.真心为别人感到高兴。B.根本不在乎。C.觉得有些懊恼。D.颇感不悦。E.愤怒不已。

26.有一天，你的一位下属突然被提拔为自己的上司。你面对这种安排会怎样？

A.真心为他感到高兴。B.根本不在乎。C.觉得有些懊恼。D.颇感不悦。E.愤怒不已。

27.有一位你倾慕已久的帅哥/美女，突然他/她同一位年纪大很多且十分不般配但十分有钱的人结了婚。你得知后会怎样？

A.真心为他感到高兴。B.根本不在乎。C.觉得有些懊恼。D.颇感不悦。E.愤怒不已。

28.你的情敌曾经夺走了你的心上人，当听说他被当选为有突出贡献的人而受到表彰时，你会怎样？

A.真心为他感到高兴。B.根本不在乎。C.觉得有些懊恼。D.颇感不悦。E.愤怒不已。

29.自己动手早，准备充分，结果在竞标时，本以为十拿九稳的项目被对手夺走了。你为此会怎样？

A.真心为别人感到高兴。B.根本不在乎。C.觉得有些懊恼。D.颇感不悦。E.愤怒不已。

30.有一个你一直引为生活负面参照的人，有一天突然成了公众瞩目和钦慕的对象，并一身光鲜加自豪地出现在自己面前。这时你会怎样？

A.真心为他感到高兴。B.根本不在乎。C.觉得有些懊恼。D.颇感不悦。E.愤怒不已。

参考答案及计分评估

本测试计分共分三个部分：

第一部分1～12题：选A得0分，选B得3分，选C得6分。

第二部分13～24题：选A得0分，选B得5分，选C得2分。

第三部分25～30题：选A得6分，选B得4分，选C得3分，选D得2分，E得0分。

将以上三部分的得分相加，就是总得分。最高分为168分。得分在90分以下，表明你常常被情绪困扰，而得分越低，就越容易被情绪支配，就不能控制自己的情绪，极易发脾气，动怒。这样的行为，轻则让人际关系变得僵硬，重则会让你四处树敌，从而使你置自己的事业于孤立无援的境地。得分在90～150分之间，表明你的情绪处于相对稳定的状态。这种状态，虽不会让你处于人际关系紧张之中，但同样会阻止你广纳善言、谋求合作、最大限度地获取信息。因而，这样的状态不会让你的事业干得有多么起色，也不会使你取得胜人一筹的成果。总之，各方面都普普通通，差强人意。而得满分者不仅情商极高，而且能将自己的情绪控制得很好。这样的人往往在各方面的发展都比较顺利。

第六章

情商修炼：修炼情商是一生的功课

修炼情商的秘诀在于内心的承受力

修炼情商的基础是修炼性格

领悟能力高是情商高的集中表现

修炼高情商要学会通融

怎样有效排解紧张感和焦虑感

一个人情商的高低，与先天性的气质并无直接关系，它是从后天的接触与感受中提升而来的。一些国际上的权威部门通过长期的研究发现，那些在政界或商界叱咤风云的人物，他们的智商普遍都不高，和普通人差不多，但他们的情商都很高。在追求成功的过程中，智商只起20%的决定作用，其余80%来自其他因素。

既然情商能决定人的成功，并且它又不是先天而来，那么，就可以通过后天的修炼来提升。情商修炼的关键在于情绪控制。要做到控制好情绪，首先就要从心理承受能力修炼起。通过修炼，把心理承受能力打造在合理的限度内，就会使它成为一种良好的心理素质。这样的素质，反过来对人的情商又具有巨大的提升作用，从而为成就事业建立功勋。

人们提高内心承受力，其目的是为事业而服务。在实现目的的过程中，如果把一种偏执的性格建立在高内心承受力的基础上，就会导致事业走向歧途。所以，修炼出的高情商，必须是建立在完善的人格之上的，这样事业才不会中途出现偏差。如果在修炼过程中，能够做到正确处理各种问题，在人际交往中具有超强的沟通交流能力，有效地克服生理和心理上的各种不良习惯和情绪，就会在事业中如鱼得水，不断走向成功。

1. 修炼情商的秘诀在于内心的承受力

生活中常常会出现这样的情形，同样是遭受到批评、责备等，张三当即暴跳如雷，李四却能轻描淡写地付之一笑，任其随风而过。之所以会出现截然相反的两种情形，一个重要原因就在于两人的内心承受力不同。

内心承受力，指的是人们受到来自外界，有时也指来自身体疾病方面的违逆自己身心需求的干扰时，个体对这个过程中产生的心理压力和消极情绪的承受与调节能力。这些压力和消极情绪如果不能及时、有效地缓解，对有些人会产生致命的打击。

如何消除这种打击？不用多说，首先就在于提升自己的抗压能力，即提升内心的承受力。这可通过以下几个步骤来进行。

第一，增强逆境中的适应能力。

物竞天择，适者生存，这是自然界和人类社会发展的普遍规律。对于心理行为范畴的情商来说，这一规律同样适用。面对复杂多变的社会环境，只有保持良好的心理适应能力，才能保持良好的精神状态，从容应对各种人际关系，接受和胜任富有挑战性的工作。逆境来袭时，就不会产生盲目感、慌乱感，从而跟上现代社会的节奏，于竞争中立于不败之地。

提高适应力的最佳方式是扬长避短，循序渐进。精力有限决定了人不能成为各方面的专家。现代公认的用人原则是，把合适的人用到合适的地方。知道自己的优点与长处，然后寻找发挥长处的时机和地点，事情就会越干越顺，到哪儿都能生存下来。这就是适应能力。

众所周知，马克·吐温是著名的作家和演说家。可是有一次，他看到出版商靠发行他的作品发了大财，就心血来潮，也开了一家出版公司。结果，出版公司没开多久就因经营不善而宣告倒闭，马克·吐温本人也为此陷入了债务危机。不过，这次经历让他认清了自己，他重操写作和演说旧业，不但找回了感觉，还还清了债务。马克·吐温的经历充分表明了扬长避短的重要性。

另外，在培养适应能力上，要做到循序渐进。世上没有先知先觉者，任何人做任何事都得经历一个由陌生到熟知的过程。对某事物十分熟知时，才会针对该事物做出不慌不忙的举动。人出现情绪波动，基本都缘于事态发展超出了自己的认知范围。所以，本着有多大能力吃多少饭的态度，学会循序渐进，不知不觉中，人们的适应能力就会有所增强。

第二，提高逆境中的容忍能力。

容忍能力，也可用容忍度来代指。它表明，人的容忍能力是有限度的。这种容忍度因人而异，与场合、氛围、程度、过程和结果挂钩。一个很明显的事实是，当一个人在生活中受到不公正待遇时，如果一味地容忍，就会被人当作软弱可欺的对象，往往会形成一种极端的性格特征——逆来顺受，这实质上是对人的身心的摧残。另外，如果生活中坏人当道，恶棍逍遥，谁都忍着，不敢出来主持正义，那么容忍者到头来必定任人宰割。所以，容忍度所指的应是原则内的容忍度，实质上是一种宽容的美德。

如何让容忍成为一种美德呢？有效的方式是让理智常驻心头，让爱心常驻心头。美国人有这样的玩笑："当遇到事情时，理智的孩子让血液进入大脑，能聪明地思考问题；野蛮的孩子让血液进入四肢，大脑空虚，疯狂冲动。"这可谓是对理智指导行动的一种形象比喻。不过，科学实验倒是证明，当人在压力下变得过度紧张时，血液确实会离开大脑皮层，使人出现举止失常的行为。让理智占据心头，当遇到压力、挫折甚至打击时，就不会让人的行为受到情感的支配，从而有了建立在事实之上的准确判断。

虎毒不食子，那是因为心中有爱。有了爱，就会包容别人的缺点，理解别人的心境，凡事设身处地。这就是热恋中的男女，为什么会把对方的缺点看成优点的原因所在。当你热爱事业时，事业中出现的任何阻力都拦不住你投身事业的热情；当你热爱工作时，工作中出现的任何失误都拦不住你前行的脚步；当你对上司表示由衷的钦佩时，他的任何批评对你来说都会是金玉良言；当你对生活充满希望时，生活中的任何磕绊都不会遮住你憧憬的目光……

第三，锤炼逆境中的耐力。

耐力分为体力和精力两个部分，通常指的是在体力和精神上所能坚持的时间长度。大力士能在一瞬间举起超过自身体重几倍的物体，但如果他不能坚持多长时间，他这身力气也就与英勇善战类的力士相去甚远。所以，耐力的长短，同样对一个人的情商修炼起着重要作用。下面，从体力和精神两个方面提出提高耐力的一些做法。

首先是提高身体上的耐力。这方面的提高要靠长期的坚持，不可一蹴而就。具体做法有：每天维持健康均衡的饮食，多吃些高营养、低脂肪的食物；保持足够的饮水量，因为水分可以抵抗肌肉疲劳；加强身体锻炼，提升整体的能量水平；选择一些自己喜欢又适合体质的体育活动；改变久坐的方式，减少缺乏锻炼带来的消极影响；保证足够的休息……

其次是提高精神上的耐力。这方面的具体做法是：将眼光放到自己追求或期望的目标上，不要过分纠结一些细节；学会分解问题，化繁为简，各个击破，这样做的一个明显好处是能逐步提升人的自信心；如同刀不磨要生锈一样，对于自己追求的事业，也要坚持不懈；培养专注力，让注意力不轻易为外界所干扰；谨慎食用能让人上瘾或短期内就起效的食物饮料，如咖啡因等……

第四，打造逆境中的战胜力。

身处压力、困难等逆境之中时，如果不以坐以待毙的心态去坚守，而是以主动出击的方式去迎战，往往会有置之死地而后生的感觉，突然间走出重围，眼前别有洞天。这种战胜逆境的能力就是战胜力。

我国内蒙古西北大草原上生活着一群生性剽悍的班布鹰，这种鹰最爱的食物是苍狼。所以，它们一旦发现地面上有苍狼，就会紧盯住一只不停地追赶。苍狼知道班布鹰的厉害，就撒开腿没命地逃跑。其实，班布鹰与苍狼的速度差不多，从理论上来说，只要苍狼不停止奔跑，班布鹰永远也追不上它。然而，事情往往就是这样，当班布鹰伸出利爪抓向狼背时，苍狼会以为自己被抓住了，于是它就放弃奔跑，坐以待毙。结果，苍狼就真的成了班布鹰的美食。

这个事例充分说明，战胜力是相对的。对于逆境中的人来说，体会着巨大的压力，尽管看不到希望，也不要放弃心中的信念——坚持下去，就会迎来拨云见日的时刻。否则，就会像苍狼一样，自己把自己送上不归路。所以，打造战胜力，重在坚定信念，贵在坚持不懈，以一颗不屈之心，执着于自己的梦想。

把心理承受能力打造在合理的限度内，人们就会拥有良好的心理素质。这样的素质，反过来对提升人的情商又具有巨大的提升作用，而高情商则能为成就事业建立功勋。

2. 修炼情商的基础是修炼性格

人在生理上存在的一个逻辑是：情商是人的品质，性格是人的心理特征；情商是性格的外露，性格是情商的本源。所以，修炼情商，首先要从源头即性格上修炼起。

人常说，性格决定命运，命运注定人生。现实中，人的形色各不相同，人的命运同样千差万别。有的人一生都过着养尊处优的高贵生活，有的人一生都过着悲惨凄凉的生活；有的人前富贵后落魄，有的人前落魄后富贵……既然命运是由性格决定的，那么，什么样的性格会带来好运，甚至好运连连呢?

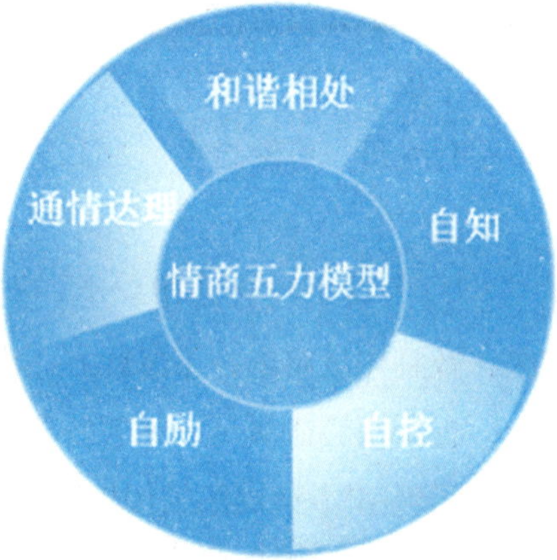

图6-2-1　情商五力模型

其实，性格本身没有好坏之分，内向、外向的性格都有其积极成分与消极成分。所以，修炼性格绝不是改造人的性格，而是了解性格，然后在此基础上扬长避短，发挥优势，从而实现自己的人生梦想。要实现这些，可以从以下几个方面做起。

第一，了解性格的特征。

江山易改，禀性难移。性格具有区别于其他个体的稳定性。比方说，有的人遇事时表现得优柔寡断，并且这种表现通常贯穿一生，这就是性格的稳定性。所以，不要指望通过外在的手段来改变一个人的性格。你真要这样做，改来改去，改变的也只能是他的行事方式，他的性格依旧岿然不动。性格不能改变，却可以感知。通过接触交往，能感知个体性格的开放性、亲和性、勤勉性、情绪性和外向性等特点。通过感知性格，可以影响人的行为，从而让性格中对事业有促进作用的成分发挥出有益的作用。

第二，驾驭住内心的欲望。

“欲望是双面人，正面是天使，背面是魔鬼，欲望一旦失控，就会被魔鬼引向邪恶。”欲望本身并没有正邪之分，只有它失于控制时，才会现出负面作用。人只要活着，就不会没有欲望。人们追求生活富足，事业成功，渴望活得精彩，活得幸福，这些都是正常需求。其实，人类本身就是在这些欲望的驱使下，不断完善，不断进步。那么，怎样才能做到驾驭欲望呢?

首先，把自己的一切行为置于社会公德之上，把“良心”作为个人行为取舍的标杆。其次，做到知足常乐，不攀比，不虚荣。“终日奔波只为饥，方才一饱便思衣，衣食两般皆俱足，又想娇容美貌妻。娶得美妻生下子，恨无田地少根基，买到田园多广阔，出入无船少马骑。槽头扣了骡和马，叹无官职被人欺。当了县丞嫌官小，又要朝中挂紫衣。若要世人心里足，除是南柯一梦西。”这样永不知足的人生追求，到头来只能是一场空。再次，要做到优化取舍，择善而行。同样是谋取利益，损人利己的方式就不可取。另外，培养清雅的情趣。这样的情趣，对于抑制过分、非分的欲望，能起到天然屏障的作用。

第三，管住自己的嘴和手。

有的人生性拘谨，有的人生性大大咧咧。但无论什么样的性格，如果管不好自己的嘴和手，难免会出现言多必失、祸从口出甚至拳脚相加的情形。有时候，一些人说出的话并非针对某个特定的对象，但往往说者无心，听者有意，导致与人结怨而不自知。

还有一些人，喜欢在言语上逞强，希望借此来吸引、取悦或压制别人。实际情况往往是他说得越多，出现错漏的情况就越多。可是，话一旦出口，就再也收不回，一旦话语有讽刺或打击别人的言语，招致报复也就在所难免。

所以，在为人处世的过程中，应该恪守以下几点：说出的话不要打击别人的自尊心；得饶人处且饶人，哪怕自己占着理；自己的利益受到侵犯时，比如说无端受人羞辱，要积极寻思应对之策，不要失去理智，反唇相讥，更不要拳脚相向。要从道理上、事实上去反驳对方，做到有礼、有据、有节、有度，及时挽回自己的不良影响；在感知到自己明显理亏的情形下，要勇于知错，知错就改，既不要去争所谓的脸面，也不能变得低声下气。

第四，学会尊重他人。

人长大成熟的一个标志就是学会将心比心。学会将心比心，付出和回报就具有双向性。从个人角度来说，尊重他人是一种优良的品德，是一个人具有良好修养和内涵的表现。这其中所体现的既有道德修养，更有文化素养。

尊重他人就是尊重自己。对他人表示发自内心的尊重，是一个人具有高尚情操和磊落胸怀的体现。如同帮助他人是一种快乐的体验一样，尊重他人，会让对方感受到情感上的温暖和愉悦，也会让自身得到精神上的充实感和满足感。尊重他人会创造出一种和谐的人际关系，让人感受到人生的美好，得道多助，让人获得最终的成功。所以，在生活中，在与同学、老师、领导、同事或是邻居、朋友以及家人相处或交往时，都应该自觉践行尊重，管住自己的脾气，纠正自己的固执，充分营造一种融洽的生活氛围。这些对自己的身心健康发展 、事业进步，都具有积极作用。

当然，需要指出的是，尊重不是迁就，不是忍让，更不是畏缩，它是有原则的。当出现践踏权力、欺压良善之类的可耻行为时，要能意识到其实质就是一种不尊重。这时，就应该做到坚决地抵制、指责，甚至是无情地反击。

第五，培养自己的主见性。

很明显，一个随波逐流，盲目随从的人，到哪儿都不会有独创性的作为。因为他没有主见，也就注定了他不能成为开拓者、领导者、带路人。在与人相处的过程中，他不可能赢来应得的尊重，他的人生注定是黯淡的、苍白无力的。

其实，主见性也是从实践中摸索过来的。常言说，一个人长大了的真正含义，就是在待人接物上的主见性。要做一个有主见的人，可从日常生活中的点滴做起，在慢慢积累中养成：养成独立思考的习惯，对事态作出自己的综合判断；遇事不要盲从，不要听到声音就附和人家，而要学会从这些声音中找出其成立的理由；判断需要依据，依据基本上都是从共性中来，所以要多了解共性的东西；遇到自己被孤立的情况，不要怯场，有时候，真理就掌握在少数人的手里；遇到自己情感上有倾向的事项时，要学会换位思考，这样才能让理智不被屏蔽；不怕犯错，因为真知都是从错误中来，但切记，犯了错要勇于改正；遇事该出头时就出头，千万别畏缩……

做个有主见的人，就会拥有强大的气场，能够为自己赢来尊重和拥护。也只有有主见的人，才能成就事业，从而打造出灿烂美好的人生。

第六，主动融入生活。

实践出真知。只有积极主动地融入生活，人们才能发现生活的真实一面，才会懂得在历练中不断提升自己，了解自己，从而修正错谬，通融社会，充分展示自我，发挥自我，成为社会中受人瞩目且实至名归的有用人才。

所以，修炼性格，实际上就是隐藏和修饰性格中的尖锐、懒惰等消极的一面，为自己修炼出高情商，进而赢得获取成功的机会，实现成就事业、成就人生的完美结局。

3. 领悟能力高是情商高的集中表现

情商，可简单地理解为在与人交往过程中分析、判断他人的一种能力。其中，能直观感知他人言行动机的能力，就是领悟能力。比方说，领导在处理下属之间出现的纷争时，如果能够从下属的言行中迅速作出判断，从而有效地平息纷争，就会于无形中增加领导的权威，为驾驭团队增加砝码。所以，领悟能力高是情商高的一种素质体现。对它进行修炼，是提高情商的一项重要内容。

从企业经营的角度来看，领悟能力包括发现问题的能力、分析问题的能力、解决问题的能力、总结问题的能力和升华问题的能力。要提升这些能力，没有捷径可走，也不会一劳永逸，需要经历一个摸索、积累的螺旋式的上升过程。那要怎样做呢?

第一，责任意识领先，熟悉过程，掌握要素，感知变化，然后才能提升发现问题的能力。

问题，通常都意味着损失，及时发现问题，就是及时避免损失。同一切现象一样，问题的出现，同样要经历一个萌芽到膨胀的过程。对一项事业来说，如果能够做到把问题消灭在萌芽状态，就能够保证事业的一帆风顺。那么，人们怎样才能提升发现问题的能力呢?

“千里之堤，溃于蚁穴。”蚂蚁本身的能力很小，能达到溃堤的地步，实际上是经历了一个漫长的过程。在这一过程中，如果事先意识到这一点，阻止蚂蚁的行为，就能以极小的付出避免极大的损失。这种领先的意识，就是发现问题的能力。领先意识从哪里来？当然从实践中来。当一个人对自身的事务过程非常熟悉，又具有高度的责任感时，他首先就会具有防患于未然的心态。这种心态会时时警醒人去杜绝后患。

事物都是时时变化的。比方说，与客户进行商务谈判时，针对客户提出来的要求，如果自身对商务的流程、环节以及其中的关键点非常清晰，就会做到有理、有据，同时又不失风度地作出交代，从而避免尴尬，又不致自己遭受损失。此外，还能从客户的要求中，感知对方的心态变化以及市场变化的新行情、新信息。这些都是具有高领悟能力的人会感受到的。

第二，具有逻辑思维能力，学会多角度思考，然后才能提升分析问题的能力。

逻辑思维能力与个人的记忆力是齐头并进的。换句话说，要提高逻辑思维能力，首先必须具有丰富的知识，这是进行逻辑判断的基础。在这个基础上，能够迅速提取和认定有效信息，做出归纳、推理、判断等思维活动，就形成了一个人的逻辑思维能力。

任何问题都有成因，对于问题的前因后果能有全方位、多角度的思考，就能够作出正确的判断。

杰姆探案时，曾遇到过这样一个情形：在沙漠中，有一个人头朝下埋在沙子中死了。他的手中紧攥着半根火柴，身边散落着几个行李箱。对于这个颇为离奇的场景，杰姆经过分析后得出，这是几个人乘热气球旅行，路过沙漠时，气球经受不住高温而漏气，而在这种危险的情境下，大家只好把行李扔下以减轻重量。结果还是不能消除危险。于是他们就决定扔一个人下去。该扔谁呢？他们通过抽火柴杆长短的方式来决定。结果，抽到短火柴杆的那个人就被扔下来死掉了。事后的调查结果正如杰姆所判断的那样。

这个事例中，杰姆之所以分析到位，一定在于他对当地的环境、地形和现场出现的情形能结合起来判断，通过超强的逻辑推理，从而引导案件得以侦破。

第三，抓住关键，迎难而上，提升解决问题的能力。

出现了问题，千万不能藏着、掖着，一定要及时解决。不然，问题恶化时就来不及了。解决问题时，首先要端正心态，要敢于直面问题，迎难而上，着力解决。打蛇打七寸，解决问题时，一定要抓住关键，这样才能事半功倍，减少损失。

戴维与彼得在同一家超市搞牛奶促销。戴维打出了许多宣传广告，比方说自己的牛奶质量怎么有保证，服务怎么到位，以及在同行中的优势等。但是一天辛苦吆喝下来，他发现自己的销量总比不上彼得。而且，彼得也没怎么卖力，只是在广告牌上写着："1瓶3美元，3瓶10美元"。他为此感到很纳闷——双方的定价一样，自己比彼得卖力，为什么就是卖不过他呢？后来，他实在忍不住，就私下里向彼得求教。彼得告诉他，顾客们看到他的广告标价后，都会过来一瓶一瓶地买，一些人还专门连买三次。为什么呢？因为他们就是想用实际行动来对抗他的"3瓶10美元"——他们用9美元同样能买走3瓶牛奶。彼得利用了人们"不是贪便宜，而是占便宜"的思想。戴维一听，恍然大悟。他随后采取买一瓶牛奶，赠送一个小礼品的措施来促销。结果，他的销量一下子就得到了大幅度提升。

在这个事例中，戴维先前的不成功，就在于他没有站在顾客的角度思考问题。问题出来后，他能从同行中吸取教训，从而抓住问题的关键，结果成功解决了问题，取得了好的效果。抓住问题的关键，是解决问题的前提和保证。要想抓住问题的关键，不但要学会勤思考，还要学会多打听，多借鉴，集思广益，博采众长。只有这样，问题才能迎刃而解。

第四，防微杜渐，多措并举，提升总结问题的能力。

如果仅像完成一项任务那样，问题解决了就搁置一边不理了，就会让问题永远成为问题。所以，在解决问题之后，对问题以及解决问题的方法要进行一番总结，这样不仅可以避免类似问题再犯，起到防微杜渐的作用，还能提高自身的素养和实践能力。

总结问题，可围绕这些方面展开：问题产生的主要因素是什么、问题产生的环境和条件怎样、问题的表现形式怎样、问题产生的实质是什么等。比如说，在企业中，针对生产作业中出现的问题，可以从这些方面总结：工人的技能熟练不熟练，能满足要求吗？工人的态度好不好、积极性高不高？工人的思想认识跟得上跟不上、有全局观念吗？工人的个人绩效考核到不到位、标准合理吗？企业的体制健不健全、防范意识强吗？

第五，着眼全局，不断超越，提升升华问题的能力。

处理事务的过程中，出现问题是一种非常正常的现象。那种期望永不出现问题的想法既不现实，也容易误人误己。所以，要用动态的思维来处理问题，同时，还应站在战略的高度来面对问题。从某个角度来说，问题等同于经验，经验就是创造力。为让自己经营的事业有长足的发展，就要学会将问题升华为经验，将其提升到制度、文化的高度，为事业的持续发展注入精神上的动力。

发现问题、分析问题、解决问题、总结问题和升华问题的能力，都是领悟能力的外在表现。它得以提升的动力，在于对事业的热爱。只有真正热爱事业，才会用心去领悟事业的含义，从而把自己的情感和体验化作切实的行动付诸事业之中，进而在事业道路上，直面挫折和挑战，以一种无惧无畏的姿态一步步迈向成功。

4. 修炼高情商要学会通融

在社会交往中，一个人处理和协调人际关系的能力，既是衡量他影响力强弱的重要标志，也是衡量他情商高低的关键要素。心理学家卡耐基就说过这样的话："一个人的成功，只有15%靠他的专业知识，而85%要靠他良好的人际关系和处世能力。"不论他的这种观点正确与否，起码表明了人际关系的重要性。

在人际交往过程中，人与人之间实际上在进行着一种互动行为，彼此间的动机、情绪相互影响。当这种动机和情绪变为相互认同甚至彼此欣赏时，人际关系就会融洽。反之，当其中出现气愤、恼怒、惧怕、忧伤之类因素时，人际关系就会出现尴尬、紧张、憎恨乃至打击、伤害之类的消极情形。不过，现实中的经验告诉人们，当人际交往中出现任何负面的情形时，只要其中的一方能够控制住自己的情绪和动机，不产生过激行为，这些负面情形是可以向有利情形转化的。而这种控制能力，就是一种高情商的体现。它能帮助当事者快速消除误会，化解矛盾，弥合分歧，避免摩擦纠纷。对于商业上的交往来说，还能取得合作共赢的良好效果。

那么，人们要怎样才能做到通融处事呢？根据一些行为心理学家的长期研究成果来看，人们需要做到以下几个方面。

第一，培养健全的人格，积极乐观地看世界。

受生理条件所限，健全的人格是一种理想化的诉求，只能无限接近，不能达到。但这并不意味着人就可以放弃对健全人格的追求和塑造。从社会交往的角度来看，它可以分成这些步骤来进行。

首先，对自我有一个清醒的认识，明白自己喜欢做什么，自身的特长在哪里，自己的行事方式怎样，自己的处世态度怎样，怎样来认知社会等。其次，加强自身修养，培养道德素质。可从一些简单的小事做起，比如善待他人，平心静气地与朋友和家人和睦相处等。再次，带着虚心的态度参与社会活动，从中学习做人的技巧，包括沟通交流的技巧等。最后，是长于学习（既学习文化知识，也包括做人的气度等）。只有这样，才能抱着乐观积极的态度看世界。

一个积极乐观的人，永远会对生活和工作保持感情，且富有激情。这样，那些不良情绪就不会影响到他的生活或工作。他所得到的结果就会如罗曼·罗兰所说："一个人如能让自己经常维持像孩子一般纯洁的心灵，用乐观的心情做事，用善良的心肠待人，光明坦白，他的人生一定会比别人快乐得多。"

第二，设身处地，学会从他人的角度看问题。

现实中经常遇到这样一种情形：一个人受到上级批评时，他往往会失去冷静，急急地替自己辩护。这往往会导致出现这样的场面：他越辩护越觉得自己有理，就越喋喋不休，上级也因为他的辩护而对他的意见越来越大，情绪上也会越来越激动。这显然于事无益。

现代行为学家研究发现，高情商的人基本上能做到不批评、不指责别人，不抱怨生活中的不利己现象。他们懂得换位思考，能站在对方的角度看问题。

其实，在社会生活和人际交往中所出现的各种不协调现象，都是一种正常反映。由于各自的立场不同，看问题的角度不同，所得出的认识自然也就不同。你戴上了墨镜，即使晴朗的天空看起来也是晦暗的。而在为人处世时如果懂得换一个方式，站在他人的角度去看问题，就会发现别人的优点，从而促使自己理解和宽容每一个人。放在商场上，如果能做到换位思考，从他人的切身利益角度思考问题，作出决策，就可以做到用利益调动别人，从而牢牢把握主动权，进退自如，稳操胜券。

要做到从他人角度看问题，最有效的方式是体验对方的生活。不同的人生活环境各不相同，看问题的角度和方式也就不同。只有深入体验他们的生活方式，才会了解他们的感触和生活态度。这也是提倡人们投身实践的一个重要因素。另外，也可以通过真诚的沟通交流来了解对方，这样就能获得同理心，减少人际交往障碍。

第三，把自尊建立在他人认同的基础上。

自尊，简单来说就是自我尊重和自我保护，也是一种良好的心理状态，包含对外界尊重的期待。一个人只要相信自己，尊重自己，并朝着自己的人生目标不断努力，就能够赢得他人的尊敬，从而感受到生活的快乐。

心理学家本德纳（Bednar R）指出：“人都有一种保持积极的、健康的、向上的自我形象的需要，这种需要既是防止与避免生存环境带给人的伤害与压力的有力武器，也是个体发展的基本力量。”这种需要，就是自尊。“自尊策动人去追求和呈现一种良好的社会形象，从而更好地适应社会环境。”但是，凡事都有个度，自尊也不例外。一旦超过限度，自尊就会变成自负。在人际交往中，自负的人往往自以为是，把任何人都不会放在眼里。这样的人，极易造成众叛亲离的局面，其危害性非常大。那么，要怎样才能把握好自尊与自负的度呢？一个重要的方式是懂得尊重他人，把自己的自尊建立在他人认同的基础之上。大体来说，可从以下方面做起：学会赏识他人，对他们提出来的意见，要积极采纳其中合理的部分；把自己的判断建立在客观事实的基础上，这样就会少犯主观错误；不拿过去的经验作为自己决策的依据，学会与时俱进；学会因地制宜地进行决策，虚心听取别人的意见，包括批评；不要将眼光仅盯在新奇的事物上，而应该着眼于长远；要相信众人拾柴火焰高，不要只凭自身的力量行事；不要从个人的喜好角度来处理事情，要学会在自己不情愿的情况下开展合作；不要为一时之快铤而走险，这往往要付出牺牲原则的代价，让自己丧失威信；不在人前显示自己优越的身份和地位；正视自己的优点或缺点，做个勇于担当的人……

第四，善于替他人着想，学会原谅他人。

生活中，人们都会遇到不如意。这时，以什么样的态度来对待不如意，是一个人情商高下的度量衡。通常情况下，高情商的人会体现出宽容和包容，哪怕生活中的不如意来自别人的伤害。俗话说，心有多大，眼界有多大，个人的舞台就有多大。在与人交往或相处时，高情商的人之所以能做到处处通融，既在于他们的心胸广，也在于他们的行事方式能打动人。

高情商的人在与人沟通交流时，表现得非常真诚有礼貌。他们能看到别人的优点，并且会以内心的坦诚来赞美、鼓励别人。他们在与人交谈时，养成了一种聆听的好习惯，从不只顾自己一吐为快。这种聆听，实质上就是尊重他人的一种表现，也最易获得好感并赢得他人的信任。他们对自己说出去的话高度负责，说到做到——这些说出去的话，都是经过认真思考的。通常，他们善于记住别人的名字，而能够记住别人的名字，就会让更多的人愿意与之亲近，并与之交朋友。可以说，这是他们赢在社交上的一个细节。

通融，既是高情商的表现，也是提高情商的修炼方式。在人际交往和为人处世过程中，如果能够做到通融，就能让自己时刻掌握主动权，处变不惊，以常胜的姿态不断取得成功。

5. 怎样有效排解紧张感和焦虑感

根据美国社会心理学家研究，紧张感和焦虑感是影响情商的两个基本因素。从生理的角度来看，紧张指的是人体在精神和肉体两方面在接触外界事物时反应空前加强。这种空前加强的反应，就是紧张感。而焦虑指的是持续地、无具体原因地感到紧张不安，无任何征兆地预感到将会有灾难、威胁或大祸临头，同时还会产生自主神经功能紊乱和运动性不安，并伴随着主观上的痛苦，甚至会影响人们的社会活动。这种紧张不安、不良的预感、自主神经功能紊乱、运动性不安和由此带来的痛苦感受，就是焦虑感。

紧张感和焦虑感实际上是每个人在社会活动和人际交往中都会产生的两种情绪反应和变化。在合理的限度内，紧张感和焦虑感的出现并不是坏事。但是，一旦超出限度，任由其持续发酵时，它们对人的身心健康带来的负面影响就会非常大，而且对人的正常发展的破坏力也是非常大的，有时甚至是致命的。一个经常被紧张感和焦虑感缠身的人，他的情商一定高不到哪里去。因而，及时有效地排解紧张感、焦虑感，对于个人的身心健康、事业发展都具有积极的推动作用。下面，分别谈谈有效排解紧张感和焦虑感的方式。

首先谈排解紧张感。紧张感产生的根源往往在于想博取别人的关注和赞许，但因为对未知的恐惧，心理上一时做不到及时排解。这些都与自信无关，可以从以下几个方面做起。

第一，了解产生紧张感的根源。

紧张感大多都是在面对或即将面对公众表现自己时产生。这时，潜意识里会莫名地产生恐惧。这种恐惧，实质上是对陌生的恐惧。当一个人面对的公众都是熟面孔时，他的恐惧感也就无从谈起。

第二，适当降低期望值，提高把握度。

很明显，当一个人对一件事的期望值非常高，但内心又没有什么把握时，他的紧张感就会达到最高值。俗话说，不打无把握的仗，这实际上也包含有从心理上进行考量的因素。

第三，从自己熟知、掌握的方面入手，循序渐进。

自信心都是建立在熟知、有把握的基础之上的。虽说自信心与排解紧张感没直接关联，但它能磨炼人的心性，让人敢于接触、尝试新事物。紧张感产生的一个重要原因就在于人们遇事时没有充分的心理准备，缺乏必要的训练。而敢于接触和尝试新事物，就是一个训练的过程。

第四，学会调整生活节奏，做到劳逸结合。

人的身体对环境的适应都有一个过程。在这一过程中，情绪也跟随着发生相应的变化。当一个人事事处于争强好胜的状态，就会有时间上的紧迫感。这时，他人体的生物钟就会被打乱，一旦有违逆自己意愿的情形出现，轻则出现脾气暴躁，重则会出现大脑神经功能紊乱，这时紧张感就会不请自来。

第五，当紧张感已经出现时，要坦然接受和面对。

这时，可做一些放松身心的运动。比方说，选择一个环境较好适合运动的地方，做一些力所能及的起、卧、坐、躺活动；也可温和地转动头部，扭扭脖子，或伸伸懒腰，晃动肩膀等；在活动身体的大关节和肌肉时，要做到均匀缓慢，让关节放开，肌肉松弛即可；在活动临场时，可通过深呼吸来放松自己，慢慢地吸气，然后慢慢地呼出；可通过转移注意力的方式来放松自己，比如：烦躁不安时，听一些舒缓，流畅，平静的音乐；情不自已时，可听一些激荡的音乐来宣泄情绪，从而使心情得以平复；也可采取冥想的方式，想象一些恬静美好的事物，让自己的心境置于一种宁静、舒缓的氛围中，从而使自己得以放松。

严重的焦虑感往往是长期心理暗示的结果，所以，排解起来并非一朝一夕之功。严格来说，它是一种心理疾病。必要时，需要辅以药物进行治疗。针对它的排解，一些医学专家给出了如下方法（包括对焦虑程度的鉴别）。

第一，明确焦虑的有效性和无效性。

通过自我鉴别，发现自己的焦虑不会在未来的一两天带来一系列行为，自己也不会刻意采取措施来消除这种焦虑，且相信它不会一项项发展下去时，这种焦虑就属于无效焦虑，或者说是无关事体的有限度的焦虑。

第二，焦虑往往都是对不确定性的过度担心。

焦虑的程度往往与不确定性的接受程度有关，对这种不确定性接受程度较低时，就不值得挂心。

第三，让人识别自己的期望和挑战。

比方说，用30分钟写下自己的焦虑，然后放到一边。这样，人就不会整天感到闷闷不乐。因为他已对影响情绪的不确定性感到厌倦，从而懒得去想那些不确定性。

第四，明确焦虑的范围是否涉及自己的核心问题。

比方说，自己是否追求完美，非得要求自己比别人出色，是否认为单身就不能生活等。

第五，焦虑者心理上倾向于认为失败是灾难性的。

这时，他们的认知上就会产生这样的理解，只要一想到失败，自己就会失败。其实，人们对事情的担忧，大都是一种积极的思考，一种心理上的事先防范。以悲观的心态来看待失败时，焦虑就会越发强烈。

第六，可通过情感转移的方式远离焦虑。

比方说，在工作中得到友爱和赞赏，有了提升的机会等。焦虑者之所以产生焦虑，就在于他们把永远没有出现的未来当作了现实，而且这些未来都是人生和生活中的负面成分。所以，消除焦虑的最好办法就是将焦虑者的思想回归到现实，让他们能快乐地感受现在。当他们的心境变得乐观时，焦虑感自然就会消失。

严重的焦虑是一种疾病，它通常都是由自身的营养不足引起的。严重焦虑者可以在医生的指导下，服用一些重要的营养补充物质。比方说，维生素B群、钙和镁、L—酪胺酸、综合维生素及矿物质等。

紧张感和焦虑感是一种常见的生理和心理反应，不以人的身份等级而有所区别。只要能够引起重视，正确对待，就能将它们控制在合理的限度内。美国前总统林肯，因出身于农民家庭而感到非常自卑，可是另一方面他又非常渴望成功。竞选上总统后，因为每天要处理复杂的政事，他患上了严重的抑郁症。为此，他精神紧张焦虑，甚至对生活感到绝望。后来，林肯通过每天剪报，赶走了自己的焦虑。他剪报的内容都涉及人们对他的赞誉。他把这些剪报随身携带，在重大会议之前，在紧张和焦虑情绪产生时，他就会拿出这些剪报，通过报纸上的赞誉来鼓励自己，进而舒缓情绪。这种做法，让林肯成功克服了心理上的障碍，最终在事业上取得了伟大的成就。

总之，人们要想成就事业，首先就要战胜自己，克服心理上的不良情绪，成为高情商的人，这样才能轻装上阵，创造出属于自己的美好人生。

附：情商修炼训练题

以下是情商修炼训练题，通过它们可以测试一个人情商修炼的程度。

1.同事们一起聚会时，突然有两个同事将工作中的意见不合带到聚会上来，以致彼此互相诋毁谩骂。这个时候，你该怎么做呢?

A.置身事外，像个没事人一样任他们争吵。B.看着他们争吵，静观事态变化。C. 加入旁边同事的劝说队伍中。D.拉开争吵同事的距离，阻止他们继续争吵。

2.你在公司任劳任怨地工作了三年，眼巴巴地盼着自己能升到高一级的职位。没想到，一个刚进公司不到一年的小伙子，凭自己的才识捷足先登。这时，你该怎么做呢?

A.工作热情一下子降了下来，表现得悲观失望。B.暗自生闷气，总是觉得自己命不如人。C.除了干好本职工作外，再也没有什么新动力。D.静下心来思考一番，对比自己与对方的工作方法和思路，及时调整自己。

3.做销售工作后，你满怀激情地投入工作，期望能取得出色的成绩。可是，接连几个星期，你没拿下一个客户，包括那些你认为应该顺利拿下的客户。这时，你该怎么做呢?

A.认为自己实在运气太差，总没遇上和自己有缘的客户。B.怀疑自己是不是做推销员的料。C. 再到其他区域去争取新客户。D.在下一次拜访时，调整心态，积极努力，保持勤勤恳恳的工作态度。

4.只要哲学课得到“优”的成绩，你就能获得这个学期的奖学金。结果，你只得了个“及格”的成绩。这时，你该怎么做呢?

A.去拜访哲学老师，让他给你更改成绩。B.告诉自己，没什么大不了的，仅仅是自己的一次失误。C. 下决心以后一定要高度重视，好好学习。

D.立即拟订一个翔实的学习计划，并按计划执行。

5.你的一个同事曾因你工作上的一次失误当众批评过你。有一天，你外出时不巧遇上了他。当时雨越下越大，你打着伞，他没有打伞，而四周又没有避雨的地方。这时，你会怎么样？

A.为此感到幸灾乐祸，顾自走开。B.故意走到他的身边，对他的情形装作视而不见。C.以一种冷淡的口吻邀请他走到你的伞下。D.主动将伞遮住他的身子，有说有笑地与他同行。

6.你在工作上尽管一向勤恳努力，但一直未得到加薪。而你的一个同事一年内竟然被加薪5次。当你得知这人之所以能连连加薪，并不是因为他的能力出众，而仅在于他与老板之间有着“特殊关系”时，你会怎么样？

A.心灰意懒，在公司里得过且过。B.动起歪脑筋，希望也成为与老板之间有“特殊关系”的人。C. 递上辞呈，另觅高就。D.静下心来，找出内心需求与现实的差距，再谋求新的事业增长点。

7.一个在你眼里品行恶劣的人，在媒体的鼓捣下，一时竟然成了家喻户晓带有英雄气质的大红人。对此，你会有怎样的态度？

A.愤世嫉俗，把这一切都看成世风日下的结果。B.向媒体揭露事实，陈述自己的观点。C. 静观事态变化，相信总有一天会还原事物的本来面目。D.对照那人的所作所为，尤其是近期的作为，分析一下自己的认识中有无存在偏见的成分。

8.你是新官上任，想提出一些好的解决问题的办法。人都说新官上任三把火，你这第一把火该怎么烧？

A.找到一个实际问题，然后吩咐下属严格按自己的意图去做。B.拟定一个议事日程，让下属们严格遵照这个日程行事。C. 召集下属，让他们每人都提出解决问题的办法。D.召集下属，采用头脑风暴的方式让他们创造性地发表意见，然后归总意见，找出解决问题的办法。

9.公司领导准备到兄弟公司去参观。到那儿的距离有点远，可通过两条道路到达兄弟公司。在你的印象中，沿东边的路过去距离较近，且道路比较宽敞。于是，在你的建议下，公司领导选择了东边的道路。没想到，走到半途发现东边的道路在重新修筑，而加上当时天上下着雨，车子在颠簸中竟然陷入泥坑中不能动弹了。领导为此十分生气，当即对随行的你破口大骂。这时，你会怎样应对？

A.立即向领导解释你的选择理由。B.压制自己的情绪，一言不发。C.以开朗的表情，倾听领导的训斥。D.以坦诚的态度，向领导承认自己的失误。

10.一个被你视作铁哥们的朋友，借了你一笔巨款到处花天酒地，过着十分逍遥的日子。但对借你的钱，他久拖不还，还有意疏远你，甚至摆出债多不愁、死猪不怕开水烫的心态来应付你的催讨。这时，你手头特别紧，急需资金周转。你会怎么办？

A.交给讨债公司，公开索讨。B.亲自上门，紧追索讨。C.以昔日的友情打动他，同时表明自己到了万不得已，也会诉诸法院。D.找来你和他两人都熟悉的圈内朋友聚个会，在会上诉说你的艰难处境，并做好打官司的一切准备。

本测试题，选A和B得0分，选C得5分，选D得20分。

最高得分为200分。如果你的得分在100分以下，表明你平时是个非常任性、个性极强的人。你在人际交往和社会活动中，缺乏亲和力，通常都会处于被动局面中。所以，迫切需要加强情商修炼。如果你的得分在100～150分之间，表明你在生活中是个不招惹人，但也不引人注目的角色。这对开拓和提升自己的事业非常不利，同样需要修炼自己的情商。得分在160分以上的人，属于高情商者。他们不仅拥有融洽的人际关系，而且大多都是事业有成者。

第七章

情商意志：
磨炼钢铁一般的意志力

克服意志薄弱的方法与技巧

在最黑暗的日子里怎样战胜恐惧

驱动意志力的能量来自哪里

在点滴小事中怎样积累意志力

怎样锤炼自己坚强的个性特征

成功人士都有哪些强大的内心力量

怎样凭借坚强的毅力走出你的“世界末日”

人生多磨难，路途多波折。然而，意志力的存在却将人们与艰难困苦抗争的过程渲染得高尚、悲壮、深刻。

有趣的“萝卜实验”向世人证明了“意志力”的存在，以及意志力对于人在事业成功上的决定性作用，而哲学家塞内加“只要持续地努力，不懈地奋斗，就没有征服不了的东西”的警言也预示出意志力的强大推动作用。

大量的实验案例以及身边的亲人朋友在面临不幸时的坚韧勇敢，都向人们传授了磨炼意志力的一些方法技巧，这些方法技巧会帮助你修炼出更加坚强勇敢、果决刚毅的内在品质，发掘出你潜意识中被隐藏的强大意志力，来修护生活、工作和人际交往等对你的心灵造成的伤害。

意志力表现在人的日常言行上，更多地表现在人们遇到不幸和挫折时的心理状态。由于能量的不同，意志力也有强弱之分。仔细观察身边的人，不难发现，意志力强的人总会表现出坚强、果断、乐观、有毅力等激励人奋发向上的品质，而意志力相对较弱的人则总会表现得消极，凡事怨天尤人，不思进取，遭遇不幸时惊惶不安，最终被自己的心魔打败。

那么，人们在日常生活和工作中可以采取哪些方法和技巧来未雨绸缪，增强自己的意志力，应对不测风云呢？

1. 克服意志薄弱的方法与技巧

“意志”一词由来已久，人们在日常生活和工作中也常常用“意志不坚定”来评判一个人在一件事上的不持续心理和行为。

希腊新喜剧诗人米南德曾经说过：“谁有经历千辛万苦的意志，谁就能达到任何目的。”米南德用这句警言提示出“意志”的重大作用。同时，不难看出，人们日常生活中所说的“意志”可以理解为：为达到某种既定目的而产生的一种积极向上的、调配自己行为的心理状态。这种心理状态会通过一个人的言行来表现。

图7-1-1 情商、智商、逆商

意志的强弱表现为意志力的大小，意志的能量大，意志力就强；反之，意志力就弱。生活中有些人标榜着“个性”、“直率”，事实上，他们根本无法控制自己的情绪，根本不知道自己应该在合适的场合做出合适的言行举止。还有些人决策时似乎总是很困难，优柔寡断，犹豫不决，工作生活杂乱，毫无章法，行为举止简单粗暴，犹如箭矢。这些都是意志力薄弱的表现。

美国斯坦福大学心理学教授沃尔特·米歇尔曾做过一个有趣的斯坦福棉花糖实验：研究者找来一些4岁的儿童，把这些儿童单独引到一个小房间里。房间的托盘里放着对那个年代的儿童相当有诱惑力的棉花糖和一只铃铛。研究者告诉这些孩子，她要离开一会儿，如果想吃掉托盘里的糖果，需要摇一下桌子上的铃铛；如果能坚持15分钟等到研究者回来再吃棉花糖，他们每一个人将会再得到一颗棉花糖作为奖励。这是考验孩子意志力的一个实验，心理学上叫作“延迟满足能力”。通过观察，米歇尔发现，有些孩子根本无法抵制诱惑，不到3分钟就把棉花糖吃掉了，还有的孩子甚至没有摇响铃铛就迫不及待地吃掉了棉花糖。而其余的孩子则用自己较强的意志力控制住了自己的欲望，一直等到米歇尔回到房间。后来，米歇尔对这些接受实验的孩子进行了很长一段时间的追踪，发现当初意志力较强的孩子在青少年时期的自制力更强，更能够让人信赖，在美国高考SAT的分数更高，成年后也更成功。

可见，成功和意志力是分不开的。意志力薄弱的人，面对诱惑，往往无法克制自己，无法直面艰难困苦直到目标达成。而意志力强大的人，却总能自我约束，按照计划一步步走向成功。那么，人们要怎么做才能克服意志薄弱呢?

首先，需要养成一些良好的习惯。

商业圣经《羊皮卷》首卷就说：“事实上，成功与失败的最大分野，来自于不同的习惯”，人的行为会“受到品味、情感、偏见、欲望、爱、恐惧、环境和习惯的影响，其中最厉害的就是习惯”。

保罗·盖蒂认为，好的习惯会让人立于不败之地，坏的习惯则会让人从成功的宝座上跌落下来。拿破仑就很认同这句话。由此可见，一个好的习惯能够让我们在做一件事时受益良多。虽然人无法选择操控自己的力量，却可以选择力量的大小、强弱、消极积极，既然必须受到习惯的支配，那就让我们受好习惯的支配。

那么，如何养成这些好的习惯呢?

经常做同一件事，这是帮助我们养成好习惯的唯一法门。

盖蒂有一段时间很爱抽烟，甚至到了无烟不欢的地步。一次前往法国度假的途中，盖蒂在一间小旅馆投宿。几个小时的车程，让盖蒂疲惫至极，一到旅馆便睡去了。清晨醒来，盖蒂习惯性地伸手去床头拿烟，但是没有拿到。于是盖蒂立即起床去口袋里找，去行李袋里找，还是没有找到。虽然已到清晨，但外面下着雨，而且旅馆位置又很偏僻，所以出门打到车很不现实。盖蒂站在旅馆外，对烟的渴望盖过了黑暗和雨点。他开始焦躁不安，在原地走来走去，不停地回想自己目前的处境。他想：他是个多么成功、多么有智慧的商人啊，现在竟然为了一支香烟把自己变成这个样子。

想到这里，盖蒂猛然意识到自己成了香烟的奴隶，而且他第一次意识到自己被奴役得如此狼狈不堪。盖蒂突然清醒，决心不再试图得到香烟。回到旅馆，他把空烟盒扔进垃圾桶内，不再去想香烟，怀着一种胜利的解脱的心情安然入睡。

此后，盖蒂常常回忆起自己在小旅馆的一夜，并时常告诉自己，当时是怎样差点中了抽烟这个坏习惯的圈套，以至于差点沉入烟圈的深渊。而每次回忆起自己战胜“恶魔”时的轻松和成就感，盖蒂就感到莫名的兴奋和喜悦：啊，战胜自己是多么美好的一件事！此后，盖蒂再也没有抽过一支烟，成功戒掉了吸烟这个坏习惯。

如果你经常重复同一个动作，那么，久而久之，这个动作就变成了你的习惯，之后再做这个动作就会非常自然。盖蒂清醒地意识到自己已经无法离开香烟之后，常常回忆自己在小旅馆的一夜，回忆自己得胜归来的成就感，不知不觉中，这为他戒烟提供了强大的意志力支持，而拥有了强大的意志力，任何困难的解决，都是水到渠成的事。

一个成功的商人在开始他的事业的时候，他最有价值的习惯之一就是：作任何决策之前，他都要反复回顾此前为这个决策所做的推理过程。这个最后审查的习惯，可能需要几分钟，甚至几秒钟就可以完成一次。但是，很多事情的成败往往就在这最后的几分钟几秒钟见分晓。最后的审查能让你清晰自己的思路，让你清楚地知道自己在做什么以及为什么要这么做。这样一个简单的习惯，看似毫无意义，实际上大有用处。有些人的决定是错误的，在反复回想的时候，他突然意识到自己的失误所在，然后立即悬崖勒马，避免了一次事业上的败笔。这就像那些著名的演员，为演好某个角色而对一个简单的动作或者眼神进行针对性的反复练习，慢慢地，他们就能领悟到其中的要领，用最适合的方式把人物的形象表现出来，造就了一个又一个的经典形象。然而，我们观看时，却觉得很自然，根本看不到任何扭捏做作的影子。这就是习惯的力量。

复杂的事情简单做，简单的事情重复做，这样，习惯自然而然地就会成为你的得力助手。自然界的万物都在年复一年地重复着自己的历程，四时交替，太阳升起落下，花草树木盛开凋零，大自然交给我们这种持久永恒的行为准则，而我们为什么不让自己的好行为成为一种自然而然的习惯呢?

2. 在最黑暗的日子里怎样战胜恐惧

战胜自己是一个持续的过程，今天克服了迟到的小毛病，明天还会有别的小毛病露出来。如果没有自觉性，缺乏自我控制的能力，那就必然没有百战不殆的意志力。

伟大的探险家亨利·莫顿·斯坦利曾经三次带领探险队伍深入非洲境地。这期间的经历，让他领悟到意志力是人类最伟大的力量，而且他用自己的亲身经历体验到自制力比火药更不可或缺。

回想一下，当你感觉痛苦、沮丧、恐惧的时候，有没有觉察到自己和自然状态下的差异？大量实验证明，这些消极的情绪状态严重影响了人的自制能力，人们在感受苦痛和恐惧的时候，自制力被削弱，从而影响意志力在抗拒不良心理因素时正常发挥作用。

这个现象在探险队伍中更为显而易见。

亨利·莫顿·斯坦利继二次探险非洲之后，46岁时，又一次带领一支探险队伍踏上了非洲的土地。这次，他们的目的地被斯坦利称为“非洲最黑暗之地”，是一片没有在地图上标记的广阔雨林。进入这片雨林之前，斯坦利让一小部分由贵族组成的队员留在河边的营地上等待物资，其中还有一个英国医生。斯坦利一行走后，留守在河边营地上的贵族们开始在痛苦和恐惧的驱使下暴露本性。他们拒绝医治土著人，做起了原始的奴隶交易，滥杀无辜，对那片土地上的无辜者实行残暴的统治。还有一个军官，为了亲眼目睹食人族食人的全过程，花钱请来食人族的人在他们面前吃下一个只有11岁的非洲女孩，而这位军官则从旁素描出整个过程。当这一小部分探险队员在留守地实行暴政的时候，斯坦利带领的一队人马在更为恶劣的环境中磨炼自制力和意志力。他们在雨林中艰难挣扎，无法找到走出雨林的出路，还要不时受到沼泽泥淖的吞噬、毒虫的侵袭以及土著人的追杀。每天，他们中都会有人因无法抵抗严刑般的自然环境而失去生命。最后，在斯坦利的带领下走出雨林的人仅有三分之一。

可见，严酷的自然环境下产生的扭曲心理已经大大减弱了这些留守探险队员的自制力和意志力，使他们完全暴露了资本主义的残酷本性。在这里，他们可以对尚未开化的土著人进行任何形式的奴役和统治，没有人比他们知道得更多，他们也没有必要再维护自己的道貌岸然，可以光明正大地为所欲为。

然而，同是前往非洲探险，斯坦利却把这样的非洲之行当作一种来自大自然的教育。读到他的故事，惊悚赞叹之余，你一定很想知道下面问题的答案：斯坦利为什么说非洲行是一次教育？他在这个教育的过程中都学到了什么？为什么他能够保持自己的自制力和意志力？而又是为什么，让他不顾生命危险，一次又一次地踏入非洲这个充满恐怖气氛的国度？

答案只能有一个，那就是斯坦利以非洲为背景，为自己设计经历并亲身体验。他把自己在非洲土地上的所有体验都当作是他生活于世所必定遇到的磨难，要想在这个迥异的国度继续存活下去，他必须激发自己更为强大的意志力去对抗源源不断产生出来的消极情绪。可以说，是强大的自制力帮助斯坦利保持冷静，战胜自己的。

人们生活在这个世界上，无可避免地要经历苦难，而苦难的数量不亚于我们获得的快乐。当苦难和不幸已成为现实，恐惧绝望有什么用？它能帮助你度过黑暗吗？当然不能！既然如此，为什么不用一种积极的心态去面对它呢？那么，人们应该怎样克服消极情绪，增强自我控制能力，强大意志力，即使面临变故，依然能够处变不惊，并依靠坚强的毅力挺过难关呢？

你要知道，你是大自然生物链中一个举足轻重的环节，你身上有千丝万缕，把你和周围的人乃至整个世界紧密连接成一个整体，你的一举一动、一言一行都将会产生或明显或浅显的影响。所以，你为人处世除要对自己负起责任之外，还要考虑到你的行为——特别是重大行动——会对你的亲朋好友乃至社会产生什么样的影响。

大学的图书馆是人群比较集中的地方之一。早上，图书馆里陆陆续续进来了许多人，这个安静而散发着些许庄重的环境氛围，让所有前来借阅图书的人都轻声细语，慢步徐行。有的人因为自习室太吵而来，有的人因为要查阅资料而来，而有的人因为想寻求一个静谧的环境而来。不管坐在这里的人，为着什么样的目的而自愿进入到这个需要一些自我控制能力的公共场所，他们的潜意识里一定会与自己约法三章：这里有很多人，我也要保持安静，以免影响他人。多么自觉的一种自我约束！不管他们是受到严肃气氛的影响而产生了这种必须克制自己行为的想法，还是因为坐在这里的所有人的安静举止而让他们心生敬意，也不管他们是有意识或是无意识地小声说话，小心行动，但他们总归都自觉地把“保持安静，不影响他人”作为自己在图书馆行走的一个行为准则，一种责任，是他们在图书馆应该肩负起来的责任。

然而，有些学校的图书管理人员却忽略了自己在图书馆这个特定场所需要承担的小小责任。若是想到自己大声喧哗——哪怕是偶尔，或者嗑瓜子的声音可能会让一个沉浸在思考过程中的人猛然醒来而断了思路和灵感，进一步造成他们心情上的不快，想必就不会出现在图书馆内接打电话、谈笑风生的行为了。

成功学的创始者卡耐基在《人性的弱点》中记述了这样一个故事：

克文顿太太的三个孩子，从小身体就不好，因此，与其他家庭的妈妈比起来，她没有多余的时间去关注自己，每天总是要花费很多心思去照料自己体弱的孩子。

然而，上天没有怜悯这个让人心疼的母亲，更为不幸的事又降临到了克文顿太太的身上：她的丈夫得了一种很严重的心脏病，而且随时都可能面临死亡。家庭医生带来的这个消息，让克文顿太太顿时觉得五雷轰顶，无法控制住自己内心汩汩流动的恐惧和担忧，患上了严重的神经衰弱症，整日整夜地睡不好觉，很短的时间内就瘦了15磅。

又是一个无眠的夜晚，克文顿太太突然意识到自己现在的行为是多么可怕，她看着自己幼小的孩子和患病的丈夫不能得到很好的照料，心如刀绞，开始反思自己这些日子的表现。她问自己，难道你忘记了你是三个孩子的母亲，是别人的妻子了吗？现在丈夫和孩子们都遭遇了不幸，照顾好他们是你的责任呀！这样担惊受怕，未雨绸缪，对现状的改变起到什么作用了吗？

思量许久，克文顿太太得到了自己内心的否定回答。于是，她告诉自己绝不能再这样下去——这个家需要她的双手支撑起来，孩子和丈夫都要依赖她得以健康快乐地过好当下的生活。于是，第二天早上，克文顿太太开始试着计划做一些有用的事情，希望能够让可怜的孩子们和丈夫还有她自己好过一点。

丈夫克文顿先生在木工方面小有成就，他能够用那一双巧手做出许多精巧的家具和小玩意儿，于是，克文顿太太就请丈夫为自己做一个可以放在床头的小桌子，丈夫一口应允。这个工作给克文顿先生带来了很大的乐趣，不仅为自己的太太做成了这个精致的小桌，此后还为朋友们做了好几件美观的家具。

克文顿先生和太太还在一片空地上种满了各色各样的花草和蔬菜，收成之后，挑选一些好的送去给亲朋好友。不仅如此，他们还想办法做一些有益于大家的事情，即使一段时间之内无事可做，他们也不闲下来，总是会坐下来互相讨论怎样改造自己的园子，让它变得更美。

一天凌晨时分，克文顿先生突然发病去世。这个时候，克文顿太太才意识到，原来，他们这些年一直生活在丈夫的病魔之下，但是因为他们选择了转移注意力，所以恐惧和担忧的阴云便远离了他们，那段日子反而是他们此生最快乐、最有意义、最让人怀念的一段时光。

假如克文顿太太不能意识到自己的责任所在，那么她怎么能控制自己不去想眼前糟糕的现状？直面命运悲剧的意志力又从何而来呢？而明明知道自己身陷囹圄，要想“越狱”，获得光明，就必然要有足够强大的意志力去镇定地为“越狱”做出规划。

3. 驱动意志力的能量来自哪里

先来看一个有趣的“萝卜实验”。

鲍迈斯特实验室的研究者们找来了一批此前一直被要求禁食的大学生，因为禁食，当他们被叫进实验室的时候，已经是饥肠辘辘。研究者们在实验室放了两样食物：散发着热气的曲奇饼和天然的萝卜，并把前来接受实验的大学生随机分为曲奇组和萝卜组，用意不言而喻——曲奇组可以吃刚烤好的热腾腾的曲奇饼，萝卜组只能吃萝卜。

为了考验学生们抵制诱惑的耐力，研究者们离开了实验室，留这些大学生和食物在实验室。他们发现，萝卜组的学生很明显一时之间无法完全接受这个事实，瞪着那充满诱惑力的曲奇好一段时间后才勉强开始吞咽自己面前的萝卜。有的学生拿着曲奇闻香味，有的不小心把饼干掉到地上，但还是很快地捡起来放回原处，整个实验过程，萝卜组没有一个人屈服于自己的软弱。他们抵制曲奇的过程显示，抵制不属于自己的东西需要耗费意志力。

之后，研究者们把这些学生带进下一个实验：做一些无解的几何题目。研究者们发现，曲奇组的学生面对这些无解的几何题，大概坚持20分钟后放弃，而萝卜组却只坚持了8分钟左右。可见，萝卜组虽然成功抵制住了曲奇的诱惑，但同时耗费了不少意志力，导致他们在接下来的实验中无法依靠较强的意志力去坚持抗争。

“萝卜实验”证明了“意志力”不是虚无缥缈的，而是真真实实地存在着的，同时，它也证明了人们所有的行为所需要的意志力都是从同一个地方输出来的。意志力就像人的肌肉，只要使用，就会觉得疲累，且会明显感觉到意志力的缺失。

那么，人们应该如何在意志力缺失的时候及时补充，以保证余下的事情得以正常进行呢？或者说，驱动意志力产生的能量从何而来呢？

曾经有人在对低血糖病人的研究中发现一个神奇的规律：人体内的

葡萄糖含量直接影响到人的自制力强弱。具体表现为，这些低血糖病人比正常人更容易暴躁，注意力不集中，对情绪的掌控能力很弱。还有些人发现，犯罪分子人群中普遍存在着低血糖的体质特征。

1979年对丹·怀特的审判是其中最有名的一个案例。当时，丹·怀特谋杀了旧金山市长乔治·莫斯科尼和市政管理委员哈维·米尔克。开庭审判时，怀特的律师为他请来了一位精神病学家，这位精神病学家告诉大家，怀特患有严重的抑郁症，因而实施谋杀的前几天一直在吃甜食，所以，怀特应该被宽恕和同情，精神病学家同时提供了怀特吃甜食的证据来证明怀特确实患有严重的抑郁症。后来，法院对怀特进行了从轻处理。

这个案例表明，怀特是因为犯罪前几天吃甜食而导致体内血糖突然升高又忽然下降，因此才发生了谋杀。从法院最后的审判结果来看，怀特因为被血糖影响了自制力而做出违法行为的结论是成立的。

驱动意志力的能量来源大致可归结为：通过日常举动，保持意志力平衡稳定。

第一，多吃血糖指数低的食物来保持体内葡萄糖含量稳定。

由于生活节奏逐渐加快，快餐在人的生活中应运而生，甚至有些人以此代替主食，下班后简单吃一点就继续投入工作。年深日久，快餐无法提供人体所需要的营养，于是各种大大小小的病痛随之而来。

PMS（Psychotic Mood Shift）意为“精神病性情绪波动”，多出现在女性身上，它会大大减弱意志力，出现情绪失控、爱吃甜食等反常举动。一位叫阿曼达·帕默尔的女士在哈佛广场做雕塑时发现了PMS在她身上的作用。她发现PMS会减弱她的自制力，让她无法控制自己时而积极、时而消极的情绪。PSM来临时，她更加敏感，情绪更加容易失控。工作中一旦发生让人不能稳定情绪的事情，她会立即受到影响。更不可思议的是，如果短短几分钟之内没有人看她，她就会产生对世界的厌烦心理，觉得这个世界是冷漠、没有温暖的。

海瑟顿对意志力和葡萄糖的研究结果肯定了葡萄糖是意志力至关重要的部分，多吃蔬菜、水果、坚果、鱼、肉等血糖指数低的食物可以帮助体内的葡萄糖保持稳定。人在缺乏葡萄糖的时候，往往会表现为意志力薄弱，爱吃甜食以补充体内缺失的葡萄糖。人们体内的食物最终都会被转化成葡萄糖。不过，有的转换快，有的转换慢。转换快的食物，血糖就高。像马铃薯、大米饭和一些零食等食物，会导致体内葡萄糖含量在饭后不稳定，迅速上升，迅速下降，常常造成人体内葡萄糖的缺失，影响控制情绪的能力，减弱意志力。

第二，需要休息的时候不要硬撑。

一方面，生病时要听从医嘱，按时休息。

由于葡萄糖和意志力的关联，生病时照常进行日常事务将会不可避免地导致意志力减弱。

生病时依旧撑着去工作，同样也是快节奏生活的不良影响。很多人不在意那些感冒之类的小毛病，即使患了重感冒也依旧硬扛着。了解了葡萄糖对人的意志力的影响，生病时，为什么不把体内的葡萄糖留给免疫系统去驱逐病菌呢？你有没有想过，生病时有一部分葡萄糖用于帮助你抵抗病菌，这样一来，你工作所需要的意志力就不足，同时不能更好地控制自己心烦气躁引起的坏情绪，难免与人发生口角。再多想一点，生病时工作，你收到相应的成效了吗？你的报表因为你带病工作而看起来更让人满意吗？有时候你是不是会为自己的决定后悔，遗憾当初要是不这么做就好了？

另一方面，感觉疲惫时也要及时休息。

研究表明，时常缺乏休息，会阻碍葡萄糖的加工进程，对人的身心产生一定程度的不良影响，最终导致人的自制力下降，意志力减弱，甚至糖尿病的发生。科学家告诉人们，身体进入休息状态不仅可以减少人体对葡萄糖的使用，还可以提高身体对葡萄糖的利用能力。睡眠研究者也发现，睡眠不足的人在工作和学习中较其他人更容易落入歧途。

4. 在点滴小事中怎样积累意志力

英国化学家、物理学家道尔顿22岁时开始观察气象，一直到自己临终前几个小时都不曾停歇。几十年间，他在观察气象中不知不觉积累了惊人的意志力，使得他一生不畏艰难，甚至克服了普通人对死亡的恐惧，在生命即将走到尽头的时候，仅存的意识还是对未知领域的探索欲望。

道尔顿没有做什么惊天地、泣鬼神的举动，只是因为对偌大自然界的一种常见的现象之一产生了好奇心，便每天去做与之相关的事。不只是道尔顿，其他科学家的成功也往往结缘于自己对一种细微之处的突发灵感和好奇心。这么多的前辈用自己的亲身经历和他们所取得的重大成果，为人们证实了点滴小事不容小觑。那么，我们有什么理由去轻视这些看起来微不足道的小事呢？不要以为你不是这些功成名就的大家，不需要时刻面向大众，就可以放任自流，不拘小节，不用在小事上对自己严格要求，反而正是这些大家在未成名时严肃对待每一桩小事，精益求精，才能在多年后发生质变，形成自己令世界瞩目的灿烂锋芒。

高尔基说："哪怕是对自己的一点小小的克制，也会使人变得强而有力。"很多时候，人类的某个行为造成的结果只在那一念之间。生活中很简单的例子：孩子意志力薄弱，忍受不了美味的糖果，最后导致牙齿稀稀落落。而你明明知道孩子的这个小嗜好会造成的后果，初始你只是告诫警示，却不曾采取措施去改变可能出现的结果。假如你能帮助他增强意志力，克制自己每天不吃或少吃糖果，那么，孩子长大些便不会受到蛀牙的煎熬。看着花匠花圃里盛放的鲜花，你非常羡慕，幻想着有一天你可以放下手中琐碎的工作去开垦自己的庭院，为自己种下一片花海。其实，就算你很忙，但如果你能够把这个幻想计入到日常规划中，每天坚持抽出一点点时间去开垦一小片土地，哪怕每次只开垦四分之一平方米，那么，加上你对于那片花海的渴望作为驱动意志力的能量，少则数个星期，多则数月，只要你能够坚持不懈，你早晚会拥有一片属于自己的花海。

生活一再向世人昭示，每个人都可以通过锻炼来增强自己的意志力，不管你是襁褓中的婴孩，还是步入夕阳之年的花甲老人。不要怀疑，强大的意志力总是在一点一滴的小事中积累起来的。如果你心存疑虑，不以为是，反而认为这些细枝末节绊住了你自由的脚步，那么请问一下自己：如果你没有储存直面小问题、小磨难需要消耗的少量意志力，当突变不期而至，你是不是可以立即生出解决这些变故所需要耗费的大量的意志力呢？就像盖楼房，你事先根本没有请人打地基，却在自己需要一座楼房的时候请工人们来为你在地面上砌出一座满足你需求的楼房。你若执意如此，恐怕工人们会以为你在跟他们开玩笑，因为你的这个想法太天真了，简直是天方夜谭，他们甚至会以为你的生活太过富足，以至于你竟不知道那些高耸的大厦是基于地下一块又一块的砖石才得以日渐凸起的。

不要惧怕困难，你千方百计克服困难的过程，就是锻炼你强大意志力的过程。当然，在这个过程中，情商起到了举足轻重的作用。情商低，意志力不坚定，这样的人往往只能靠自己克服小的困难，一旦遭遇突变，便很容易束手无策，惊慌失措。意志坚定的人，今天或许使出全身解数都无法挑起重担，但只要日复一日地通过小的磨难锻炼自己，总有一天，即使突然有一百斤的担子落在你肩上，也一样可以健步如飞，而不是被重担击垮。

但是每天需要解决的小事情有很多，我们应该从哪些小事做起呢？

就从当下你所面临的小问题开始。比如，克服掉正在日日侵蚀你大好青春的惰性。睡懒觉是绝大多数人难以克制的一件小事，如果你也是喜欢赖床的人，那明天不妨试一次睁眼就起床，就像目前流行于青壮年人群中的“说走就走的旅行”，你不妨给自己安排一个“说起就起的清晨”。不知道你是不是还记得上一次早起是什么时候，为什么而早起。回忆一下当天的情形，你因为某些必要的条件早起后，洗漱完毕，你感觉到自己与平日有什么不同？还是绵绵无绝期的困意吗？当然不是，你会发现，你会忏悔，这么让人惬意的清晨，你竟然用睡懒觉日日将它拒之门外。呀！清晨竟然是这么可爱，那凉爽的风从窗台飞进来向你道一声“早安”，你一定会忍不住向它回敬一个甜美的笑，甚至忍不住想要一只魔法棒，一下子就把你带到工作的地方。看吧，早起并没有你想象中那么痛苦。

有了第一次早起，第二次早起就几乎不再是问题——第一次说起就起的清晨已经让你意识到早起是一件多么奇妙的事，你对美妙清晨的感受也为你储存了支撑下一次早起的些许意志力，若是你想再体验到同样的感觉，稍稍挣扎一下就能立刻从床上坐起来。如此反复，你在早起这件小事中就会积累起坚定的意志力，慢慢地，你会欣喜地发现，早起对你来说竟然像是把羽毛吹向空中一样简单。

还有的人一读书就想睡觉，这种现象较多发生在学生群体中。如果你也是拈书欲睡，而又想通过空闲时间阅读一些喜欢的书籍来提升自己，那不如制订一个计划：每天强迫自己读一小时的书，否则，绝不睡觉。如果你认为自己的自制力实在难以支持你读下去的决心，你也可以请家人朋友监督自己，约法三章，制定一些力所能及的惩罚措施，或者在手机备忘录里备忘，设置好铃声，以便准时提醒自己拿起书本阅读。开始的时候，你可能会觉得一天都坚持不下来，事实上，只要你每天强迫自己坐在书本面前去阅读，久而久之，习惯总会形成，意志力也就会随之而生，那么，此后再做任何事都不怕自己没有毅力。

人类所有的懒惰行为都是因为同样的属性而彼此相通的，而任何事情也都是在意志力的作用下得以完成。从小的方方面面就可以培养出强大的意志力，其道理也不外如是。假如你能够坚持认真地做好每一件小事，那么，终究会滴水成冰，集腋成裘。时间是最守信用的，是最容易被打动的，它不会因为你相貌不好、家境贫寒而辜负你，苛待你。

5. 怎样锤炼自己坚强的个性特征

这里的“个性”，不是你脑海里储存的一些画面。要想让自己心悦诚服地去培养深层意义上的坚强个性，首先要从你的认知里排除已经先入为主的对“个性特征”的一些肤浅的认知。

找工作时，你把自己装在一身裂帛里去面试，一些温和活泼、善于发现美的面试官看到你的装束，在你落座的时候，会不由得调侃一句：“哟，这衣服穿得好个性啊！”随后迅速把你全身上下瞄一眼。这是对你审美方面的一种欣赏。

有人出于各种各样的缘由，故意与大家唱反调，大家向东，他偏要往西；大家喜欢费玉清，他偏要追逐Michael Jackson。“我偏不”、“我就不”、“我跟你们不一样”是他们的口头禅，时时刻刻标榜“我为自己代言”。这时候，旁人一句真真假假的赞扬便足以让他们表示完自己的“个性”之后扬长而去。

以上所述，都是相对肤浅的个性外在特征，甚至有些行为根本谈不上“个性”，而仅仅是出于行为发出者的叛逆、盲从的无知心理。能够真正推动人们走向成功的个性特征，不是这些所谓的标新立异、奇装异服、个性签名，而是表现在遇事时的心理承受能力和应对能力上的一种坚强的个性特征。

坚强的个性是人类特有的（非独有）一种积极的心理特质，它能够成为江上的渔火，指引你的小船划向停泊的港湾。不要误以为看起来跟别人不一样就是真正的有个性，很多时候，我们表现出来的大多是很浅层面的个性特征，作为心理学的术语，“个性”更多的是指人类意识层面的心理特征的总和，坚强的个性特征则是其中至关重要的一环。

某人在一个阴雨的天气里，不幸失恋了。他扔掉雨伞，一个人漫无目的地走在这个冰冷的雨夜里，回想着从前的美好时光，一种相遇何如未曾相识的心情慢慢在心里扩散，扩散，仿佛他就是为恋人而生，恋人抛弃了他，他的世界便倒塌了，甚至从此没有了继续生活下去的勇气和意志。相信你耳边也掠过不少此类故事，也知道一部分人会为此丧失斗志，做出极端的举动。如果能够坚强一点，碰壁的时候，积存在意识里的意志力就会随时被激发出来，时刻准备与灾难造成的伤害抗争。

人们在为悲剧唏嘘不已的时候，往往忽略了对悲剧背后的原因进行深入的反思和总结。稍稍认真细想就不难察觉，这些人之所以会因为感情受挫等类似的小问题而颓废甚至采取极端之举，关键在于他们的心理承受能力很弱，不够坚强，一遇到挫折，除非挫折不攻自破，否则他们总是怨天尤人，唉声叹气，情绪消极得让人想马上远离他们的负能量，如果把这些负能量用作实验，恐怕能使一大片花朵迅速花容失色。

正如经常重复做同一个动作就会慢慢变成习惯一样，坚强的个性也需要人们在日常生活和工作中有意识地去培养，去历练。面由心生，不无道理，即使你生了一副柔弱的面孔和迎风倒的身躯，同样可以通过磨炼坚强的心性把外表变得健康阳光。

那要怎样才能让自己变得更坚强呢？

想想你的父辈以及你身边那些精神昂扬的人，他们面对困难的时候，是不是惊慌不已，还没有尝试就害怕得放弃了呢？当然不是，他们总是给你一种坚强的感觉，仿佛拥有着无限惊人的毅力，你只能望其项背。你能看到的也永远是他们的背影，因为当难题找上门来的时候，他们总是走在最前面，当然这不是逞匹夫之勇，任何一个正常的人都不可能在意识清醒的情况下把自己逼入危险境地。你发现，他们除了勇敢地站出来面对困难之外，还会立即冷静下来，非常坦然地去接受已经发生的事实，并严肃分析导致问题产生的所有可能的原因，就像那些有经验的警察，总是把可能涉嫌犯罪的嫌疑分子都拘禁起来，收集证据一步步调查盘问推敲，最后找出真凶。

法国17世纪的著名将领图朗瓦总是身先士卒，每每有战事来临，他总是行走在队伍的最前面，图朗瓦将军也因此而闻名。

读到这里，你有没有发现一些让自己变得坚强的小技巧呢？

父辈年事颇高，阅历丰富，亲身经受过的悲欢离合实在太多太多；警察和军队行军打仗的将领屡屡投身于案情和战事中，那些恐怖奇异的场面在他们眼里简直是家常便饭，于是面临难题和使人却步的事情时，他们才能够凭借坚强的意志力迅速冷静下来，寻找到解决的方法。

人生是体验的总和，没有体验，你就没有多彩的人生，你的精神世界就会很空虚，仿佛漂流的灵魂找不到归宿。

所以，要增强自己的意志力，让自己变得更加坚不可摧，你只需设计自己的经历，就像你为达成某个目的而制作的实施细则一样，事必躬亲，尽可能多地亲身体验世间的千奇百怪，亲手去做尽量多的事，亲手去处理尽量多的问题，从小到大，从简单到复杂，亲身体验这些问题带给你的体验和感受。每一次体验结束，你都会觉察到自己内心的能量又增加了一分，再遇到人生难题时，即使没有他人施以援手，你也一定能够借助自己的坚强心性和强大意志力去解决此前令你惊惶不安和束手无策的问题。

6. 成功人士都有哪些强大的内心力量

从历史到当下，每一个被世界认可的成功人士，他的一生都是一部极为励志的教科书。你可能要说，他们拥有聪敏的头脑、丰富的阅历、深厚的人脉以及各种形式的财富累积，要是把这些东西送给你，你也一样会成功，甚至会比他们更成功。没错，聪敏的头脑、丰富的阅历、深厚的人脉以及各样的财富累积是一个人成功的必要条件，但是，如果你真的要把成功人士取得成就的功劳都归于这些被他披在身上的外衣，那么，若某天你有幸与他们为伍，你将会为自己短浅的目光和肤浅的想法而羞愧。

任何人都无法否认，成功人士与普通人最大的分别是他们那坚强的个性特征和惊人的毅力，而强大的意志力决定了他们拥有强大的内心。可以说，内心强大才能算是真正的强大。成功人士之所以成功，也是因为他们有强大的内心作为支撑。

每分每秒都会有婴儿在世界各地降生，每分每秒也一样有人在灾难、疾病和突发状况中与世界说再见。上帝为人类创造了美好的家园，潘多拉的盒子却被蓄谋打开，将悲伤、痛苦、贪婪、懦弱等所有带腐蚀性质的情绪特征融入人类的血液里。于是，你时常感觉到绝望，时常质疑上帝把你带到这个世界上到底是为了什么。

尽管如此，不要忘了你还可以用意志力行使你选择的权力。可能你无法选择是否降生，然而你可以选择更好地生活；你无法选择不被习惯支配，却可以选择受好习惯支配；你无法选择不被痛苦鞭笞，却仍然能够选择与之对抗，选择磨砺自己，用一个强大的内心世界来增强意志力，让自己变得无坚不摧，面对磨难，拥有无穷的毅力和斗志。

人的一生，是解决问题，克服苦难的一生，然而更是你修炼自己，磨炼心性，增强意志力的一生。任何人一辈子都不可能风平浪静，那么面对痛苦时，你能做的是什么呢？只有面对它，反抗它，让它变成你成功路上的砖瓦，就像那头掉进枯井里的驴子，把每一铁锹的泥土都从身上抖落踩在脚下，最后奇迹般地走出了枯井。苦难来临时，你就是一头不小心掉进枯井的驴子，开始的时候，你不知道自己如何逃出去，哀鸣，绝望，无助，脆弱，不能冷静下来观察周围的情势，从而导致你错过了逃出枯井的机遇。

这个时候，你没有一棵稻草可以抓，你能依靠的只有自己，最重要的是你要依靠你的坚强，你的意志力和你的持久的毅力，这样你才能逃离枯井。跌落“枯井”时，你可以这样做：

第一，花费意志力，让自己尽快冷静下来。

冷静是你正确分析事态的前提，能够帮助你准确掌握事情的发展情况，以一种客观的心态去对待。人们因为一时冲动做了某件事而懊悔不已的情形数不胜数，为避免这样的悔恨让自己长久地受到阴霾的影响，在自己情绪失控的时候，你需要花费意志力及时进行自我暗示。不要寄希望于他人，别人的劝阻往往只能是雪上加霜。

假如某人激怒了你，当你还有一点理智，还能意识到自己在做什么的时候，要立即用意志力努力克制自己不要再对对方嘶吼，要在心里对自己说：你一定要冷静，不能继续这样下去，不能让愤怒冲昏头脑，否则，你只会把事情变得更糟，虽然冲动能带给你一时之快，但同时更能带给你无限伤害。

第二，分析事情发生的原因，找到解决问题的钥匙。

与他人发生矛盾，或者面临重大变故时，人们往往就像被魔鬼冲昏了头脑，迷失在愤怒悲伤的消极情绪里，根本不能依靠意志力去冷静地分析为什么会出现这样的问题，更谈不上寻求解决办法了。

当你用意志力使自己冷静下来之后，最好罗列出导致问题出现的原因，同时分析可行的解决方法以及各种方法可能导致的结果。然后在心里一一衡量，选择让你和大家受益最多的方式去解决。

不要小看这个举动，假如你把原因、方法、结果等一系列的分析写在一张纸上，它不仅能让你不安分的心停止躁动，增强你的意志力，让你的内心变得更强大，还能帮助你准确看清事态，进而作出判断，进而解决问题。

7. 怎样凭借坚强的毅力走出你的“世界末日”

人生之路有很多个点，而意志力就是一条线，一条永不停息的河流，能够把所有的点串联，给你一个完整人生。

歌德前后花了60余年才把《浮士德》全部的内容贡献给世界各地的读者，这60余年甚至比有些人的生命还要长，可想而知，他在这漫长的岁月里经历了怎样艰难的挣扎。他那惊人的毅力在外人看来一定近乎疯狂！

你一定常常有这样那样的突发奇想。比如，莫言获得了诺贝尔文学奖，举世瞩目，听到这个消息，你热血沸腾，激动不已，打开电脑把你思忖了许久而尚未付诸行动的长篇巨著记录在博客里。可是故事还没完，你的热情却一天天退却了，你又回到了从前懒散的时光里，又变回了多余人的身份，甚至都不曾想起来再打开博客。

光环能激起人们前行的欲望和热情，可是这份欲望和热情如果没有持久的毅力辅助，它们便会在前行一段时间之后，彻底熄灭。就像一辆没有装汽油的车，几个人合力将它推动，它只会在惯性的作用下继续前行，惯性消失，它也就没法再继续移动。如果你空有美妙的想法，却没有持续的意志力去为这个想法搭建舞台，台下被吸引来的观众早晚会被你的拖沓全部赶走。如果造物主像人类一样拖沓，没有毅力，刚刚创造完半个面部就丢开去创造另一个，那么，他创造出来的人就不能成为活生生的生命。

你行走在世界上，世界距离你却如此遥远。人们能够真正切身感受到的，也只有自己的一亩三分地。你是这片土地的中心，这片土地便是你的世界，你的世界末日也便是你自己的小宇宙突然遭遇了飞石撞击。

大海时而温顺得像一只乖巧的小猫，让人忍不住要和它亲近；时而又会变成愤怒的狮王，任何人都会成为被侵略者而要受到它的讨伐。人生亦如此。没有谁的一生可以平平坦坦得像织布机上织出的布匹，即便纷乱的丝线被你整理得井井有条，可还是会在梭子穿行的时候出现打结的情况。织布人认真处理了小插曲，你看不出布匹上有过打结的痕迹，但你抚摸上去，总会感觉到它一路走来的不平坦，犹如上天，常常半晌风雨半晌晴。

可是，人类是最坚强的，总是能在艰难困苦中依靠强大的意志力和持久的毅力做出一些出乎意料的事情来。电梯故障发生后，母亲若还在，她也一定不敢相信自己在这千钧一发的时刻，用自己被绝望催生出来的意志力拯救了可怜的孩子。人类世界是对大自然的逼真模仿，心灵中一切美好的品质都来源于对大自然无言教育的感悟和再现。自然可以包容人类对它的考验，人类一样可以经受住来自各个方面的形形色色的考验，并在勇敢接受考验的过程中，让自己凭借顽强的毅力身经百战，凸显出内心日益强大的意志力。

那么，如果你的“世界末日”来临，你将会怎样？这个时候，恐怕只有你强大的意志力才能支撑你度过末日的黑暗岁月。

意志力是人们要达成目标所必备的一种持久的能量，但同时也是一种难能可贵的品质，它不会轻易就栖身于任何人的骨缝中，有些人害怕挫折，有些人习惯懒惰，这些人的躯体是不会成为意志力的栖身之所的。那么，意志力青睐于什么样的精神品质呢？怎样才能受到意志力的垂青呢？

第一，去观察，和身边那个爱挑毛病的人做朋友。

你一定疑惑了：他既然爱挑别人毛病，为什么要和他做朋友，这种吹毛求疵的人不是应该远离吗？

如果你这样认为，那恰好暴露出你思想的局限性。物以类聚，人以群分，既然是交朋友，任何一个人都会选择自己喜欢的人做朋友，至少不讨厌。在你不讨厌的人群里，一定会有一个人让你觉得哪儿哪儿都好，就是老喜欢指责别人的缺点——当然这个人的初衷不是为了嘲笑你。这有时候可能会让你感到难堪，但是过后回想起来，因为他的指责，你是不是也开始重视自己的缺陷并有意识地去改正弥补了呢？

来自他人的指责和不满，其实可以看作一种他人无意识的激将法。

既然你自己缺乏意志力，那靠自己的力量去养成意志力就不现实，借力是你最好的选择。如上所述，有一个爱挑刺的朋友，而你也不讨厌他身上的其他品行，他的初衷也不是为了嘲笑和使你难堪，那么，有他在身边，你就像随时带了个镜子一样，可以随时随地检查自己的发型有没有被风吹乱，妆容有没有被太阳晒花。

人都有一种想得到别人肯定和赞扬的心理。恰好，这种无意识的激将法会刺激你产生一种不服输的心理，如果你没有这些缺点，为得到亲人和好友的肯定和赞扬，你一定会做得更好，而得到肯定后，也一定会用意志力坚持把自己变得更好。如果你存在这些缺点，就会动用意志力反思自省并努力改正，当你的改变被别人发现的时候，必定会受到夸奖，这样循环往复，你不但改掉了很多小毛病，意志力也大大增强。

第二，强化自我意识，以防迷失自己。

凡事都有两面性，利弊相辅相成。

妈妈的唠叨，朋友的挑刺，固然会给你的成长带来很大帮助，但是生活中还有一些人似乎是为别人而活，别人随口说一句他不行，他就认为自己真的不行，以至于放弃自己曾经选择的道路而去随大流。这类人通常有自卑心理，人云亦云，自己的行为一旦受到一点异议，就会立即抹杀自己的个性，站到人群中来。他们常用的套话是先讲明自己本来也是想那么做的，然后强调后来因为什么什么才这么做了。

这类人非但不能培养出坚强的意志力，反而会弄巧成拙。

要知道，你是自然界独一无二的瑰宝，虽然对整个世界而言你只是一个人，可是对有些人来说，你就是整个世界。所以，要认清自己的位置，端正心态。万一因为他人一句话就迷失自己，而你又没有意志力支撑你走出阴影，那么，面对艰难困苦时你的意志力会更弱。

附：意志力训练题

以下测试题目用于测试你的意志力强弱程度，从而使你更了解自己。

1.好朋友失恋了，痛哭流涕，下班后电话里约你今晚7点在咖啡厅碰面，这家咖啡厅距离你有1个小时的路程。一天的工作之后，你也非常疲惫，现在你正窝在沙发里，那么，你会怎样回应朋友的请求？

A.不假思索，立即答应会面。B.一边安慰，一边稍作思考，最后答应会面。C.不回应朋友的会面请求，电话里安慰他。D.跟朋友说你也很累了，改天再聊。

2.你怕独居孤单，一直和父母住在一起，有一天父亲的朋友生病住院，父母不得不在当夜赶到医院里看望，而你明天还要上班，你会怎样处理？

A.安慰父母去照顾叔叔，请他们放心你。B.哭丧着脸默认。C.哀求母亲在家陪你。D.父母走后，叫朋友来家里陪你。

3.中午为了赶一个领导着急要的报表，你没有顾得上吃饭，晚上下班回家，打开冰箱，假如里面有酸奶、苹果、米饭和巧克力，你会先吃哪个？

A.米饭。B.酸奶。C.苹果。D.巧克力。

4.你某天加班到晚上9点，回家时最近的路需要经过一条胡同，胡同里没有灯，而且夜晚行人稀少，但是你又着急回家休息，你会咬咬牙，硬着头皮穿过胡同吗？

A.会。B.可能会。C.可能不会。D.一定不会。

5.你的一个朋友爱挑你毛病，有一次他说他觉得你这个人哪儿都好，就是有些不自信，而你并没有觉察到自己不自信，你的反应是?

A.没有情绪波动，有则改之，无则加勉。B.立即反驳，举例说明自己没有不自信，却在心里自省。C.觉得朋友让你难堪，不可交。D.害羞地笑笑，从此很怕与人交往。

6.你是经理的助理之一，今天患了重感冒，医生叮嘱你要好好休息，但是明天需要开会，按照惯例，你要提前把会议流程做出来，你会怎么办?

A.听医生的话，在家休息，请别的助理帮你做会议流程。B.衡量了一下，而且确实不舒服，就听话休息，请别的助理帮忙。C.尽管不想工作，还是一边抱怨一边做会议流程。D.觉得小感冒而已，休息是小题大做。

7.不知不觉中，你发现自己距离理想体重胖了0.5千克，你想要减下去，网上有人说做仰卧起坐减肥最快，你能坚持每天做，直到恢复理想体重吗?

A.会，不减下来绝不罢休。B.时而做，时而不做。C.找人监督自己。D.做几个就放弃了。

8.你想给自己换个环境，于是决定搬家。终于选好一个你很喜欢的房子，便打电话给房东要去看房，但事前你忘了看地址，后来发现这个房子距离你有将近2个小时的车程，而且要倒车多次，你怎么做?

A.丝毫没考虑坐车麻烦，约好时间立即准备前往。B.挂了电话后，想到找个喜欢的房子不容易，就忽略距离和坐车麻烦，欣然前往。C.又搜了一下附近的房源，忽然觉得之前不喜欢的也还可以，如果别的不行再考虑这个。D.一听说距离较远，便跟房东取消了看房约定。

9.期中考试，你英语考得不满意，多是语法错误，睡觉前你在心里下定决心，明天6点起床背语法，在期末考试咸鱼翻身。闹钟响了，可你觉得现在真的不想起床，那么，你会怎样？

A.想到昨天的决心，立即坐起来。B.磨磨蹭蹭起床，坐在笔记前时而念几句，时而打盹。C.继续睡，安慰自己语法不可一蹴而就，明天再背也不迟。D.觉得自己英语本来就不好，再学也不会有起色。

10.毕业后你只身一人来到大城市，临时寄宿在表哥家，找到工作就离开。一天面试回来的路上，有人利用你的同情心骗走了你500元，你仅剩300元，可是还要找工作租房等，回到住处，你会怎么办？

A.冷静地想想，做出下一步的详细打算，按照计划实行。B.告诉表哥你被骗了，希望他主动提出帮助你。C.晚上睡觉时一个人后悔得痛哭流涕。D.向父母或朋友倾诉，觉得社会太黑暗，告诉他们你想回家。

以上10题，A选项5分，B选项4分，C选项1分，D选项0分，完成后把所有题目的分数加起来。

41～50分，意志力很强，能保持坚强的心性，但同时，人生难得糊涂，在细微之处可以适当放松神经。

19～40分，意志力还可以，最好再自觉加强，可以请家人朋友扮演催化剂的角色。

0～18分，意志力薄弱，需要从日常小事中逐步增强，必要时寻求心理医生的帮助。

第八章

情商社交：情商决定你的人际交往能力

高情商人士为什么都具有卓越的社交能力

怎样培养良好的“社交商”

怎样扩大自己的社交圈

情商对社交到底有哪些影响

高情商怎样帮助你成为社交大赢家

融情商于气质，自动赢得社交

社会上，人与人之间进行沟通、交流和往来，通过传递各种信息来获得各自的需要，这就是社交。人际交往并不都会如每个人所希望的那样。事实和心理学家的各项研究成果都清楚地表明，决定一个人的社交能力和社交成效的关键因素，不在于学识、智力，而在于情商。

缘于社交对个人事业成败的影响巨大，近年来，从情商中剥离出的社交商越来越受到人们的重视。它是从人际关系的角度，将人的智力和情商两种要素共同联系起来进行思考、认知，并分解为社交意识和社交技巧两个微观层面。

剥离出社交商的概念，其最终目的还在于提升人的情商。所以，不论从何种角度看，情商都决定着人的人际交往能力。提升情商，就是提升人的社交能力。当一个人在事业追求的道路上，碰到行业壁垒、人际樊笼，尤其是所追求的事业在技术层面都进入同质化阶段时，人际交往能力就会成为事业成败的决定性因素。对此，就得不断调整自己，适应新形势，提高应变能力，广交朋友，扩大自己的社交圈，让高情商助力自己在事业上取得成功。

1. 高情商人士为什么都具有卓越的社交能力

美国卡耐基理工学院曾做过一项调查，从一万个人的工作经历分析中发现：因为技术熟练、头脑聪明和工作能力强而成功的人占所有成功者的15%，剩下的85%，他们之所以能获得成功是因其具有卓越的社交能力。

在人际交往中，感受、适应、协调和处理人际关系的能力，就是社交能力。主要包含三个层次，即表达能力、认知能力和控制能力。表达能力指的是在人际交往中，个体通过语言和非语言的方式，把自己的思想和情感等内容传达给外界，使外界对自己的能力有所了解；认知能力是指在人际交往中，个体通过他人的语言和非言语方面对他人内心世界认知和了解的能力，也包括对自己与他人关系以及他人与他人关系现状的了解和认知；控制能力指的是在人际交往中，一个人可以根据当时的情形，对自己的表达方式和情感做必要修饰的能力。

一个人想要获得发展，良好的人际关系起着至关重要的作用。而在社会交往中，社交能力是促进人际关系发展的必备条件。因此，我们应该培养社交主动性。在社会交往中，一个人如果很愿意主动地参与社交活动，并且善于表达，有社交能力，就表示他具有社交主动性。具有社交主动性的人，能够在社会交往活动中，与他人进行自觉主动的交流。

社交主动性包括两个方面，即主动沟通意识和主动沟通行为。前者指的是一个人在与他人进行沟通的过程中，能积极自觉地意识到自己在沟通中所存在的地位、作用和价值；后者指的是个体在人际交往中能够主动采取行动，主动进行沟通，以达到影响自己与周围环境的目的。在社会交往活动中，信息发送者和信息接收者是活动的主体，在一场社交活动中，谁能够积极发动信息，成为信息发送者，谁就对这场社交活动具有极为重要的影响，这种影响包括活动的发起、过程和效果。能够建立起广泛人际关系的人，一般来说，都是具有主动性人格特质的人。而良好的人际关系，又反过来对个人的主动性社交行为给予了积极反馈，使之得以强化，从而更加促进他对社交行为的积极主动性。

因此，人们有必要培养自己成为具有主动性人格的人，也就是在社会交往活动中，能够让自己具备那样一种相对稳定的人格和倾向，成为积极主动的人，去影响周围的环境。一个人如果具有主动性人格，他就可以根据自己的需要、环境的变化，去发现机遇，采取主动措施和行动，直到达成目的。相反，如果不具有这种人格特性，就只会在生活中被动接收来自外部世界的信息，无法做到随机应变。

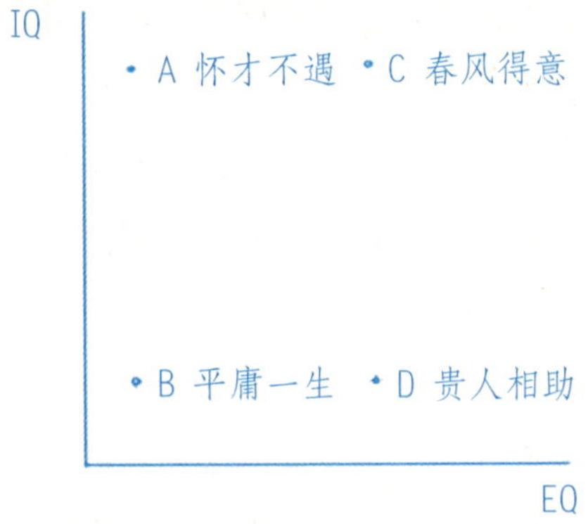

图8-1-1　情商、智商高低四位

研究发现，具有主动性人格的人，通常具有果断、健谈、积极进取、善于表达等特性，而且极具冒险精神。由此可见，社交主动性高的人，对外界事物往往是充满好奇心的，所以他们喜欢接触新事物，在与陌生人进行交流时具有更强的动机。在团队中，正是这样的人使团队气氛变得活跃，也会对大家形成一定的影响力。可见，社交主动性对一个人在社会交往中所起到的作用。既然社交主动性在社会交往活动中的作用如此之大，那么我们应该如何让自己成为一个具有这种特性的人呢?

(1)建立良好的第一印象。

在进行社会交往活动时，每个人都希望能给对方留下美好的印象。因为，任何一个人都愿意与给他留下好印象的人交流，并愿意与之继续往来。因此，在他人面前建立良好的印象，是与之深入交往的基础。而想要在社会交往活动之初留给别人好的印象，就应该先注意自己的仪表，也就是穿着、仪态、风度等，这些因素对社会交往的影响不容小觑。衣着整洁，举止大方，会让人感到亲近。相反，浓妆艳抹，油头粉面，则会让人产生反感。人们对那些仪表有魅力的人容易产生好感，并愿意与之接触和交流。因此，在社会交往活动之初，要先在仪表上下功夫，争取主动出击的优势局面。

(2)在与人交流时，尽量避免给他人留下高谈阔论、垄断主题、油腔滑调的印象，那会让人感到不愉快。

要实事求是，以真诚热情的态度与人交流，增进他人对你的信赖感和亲近感，从而使交往能够继续深入。不要表现出虚伪的态度或是冷淡高傲的态度，那是社会交往中的极大障碍。虽然在初次交往中，留给别人一个深刻的印象极为重要，但也不能因此而只顾表达自己，要记住，表达自己的同时要做一个好的听众，让他人有愿意与你继续交谈的兴趣，这样才有机会使交往深入下去。

(3)让自己在社会交往中变得更加主动，成为一个具有社会交往主动性的人。

在生活中，虽然很多人与人交往的欲望很强烈，但朋友却是寥寥无几，甚至没有一个真正意义上的朋友。其中原因无非是他们在社会交往上总是处于消极被动的退缩方式。这些人往往不敢主动出击，总是等待别人来接纳自己。因此，失去了很多与人交往的机会。人们应该清楚，别人是不会无缘无故就对一个人感兴趣的，所以，想要在社会交往中赢得更多的朋友，就要主动与人建立良好的人际关系。这就需要我们在社会交往过程中成为先出手的那个人，只有这样，才能让自己处于主动地位。如果你是一个消极被动的人，但是又渴望拥有良好的人际关系，更要在人际交往中去尝试主动出击。

（4）学会多关心他人，对别人的不幸遭遇和坎坷，要表达出自己的感同身受，并给予其鼓励和帮助。

这样可以赢得更多人的好感，建立起良好的人际关系。如果对他人的冷暖毫不上心，自然就会在社会交往活动中被淘汰。

社交能力对个人发展的影响很大，虽然一个人的社会交往能力与先天因素密切相关，但经过后天训练，也可以掌握一些技巧，从而达到与人和谐和深入交往的目的。

2. 怎样培养良好的“社交商”

“社交商”一词，由美国哥伦比亚大学心理学家爱德华·桑代克于1920年第一次提出。他这样说道：“幼儿园、操场、营房、工厂和商场里到处都能发现社交商的踪迹，但是它在实验室等人为场合却不存在。”

社交商是从情商中剥离出的一个互动新概念，指的是人际交往中所形成的各种关系会影响人的智力，这种智力反过来会指导人的社交行为。所以，社交商指的是主管人际关系的能力。这种人际关系，主要指与自身交往最为密切的如父母、子女、配偶和亲朋之间的关系。一般来说，它包括社交意识和社交技巧两个方面。作为情商的一部分，社交商自然要从后天的培养中得到提升。通常情况下，可从以下几个方面做起。

第一，鼓励自己多与人接触。

要想提高社交能力，首先就得勇于与人接触。只有多与人接触，你才能学习到别人的优点，发现自身的缺点，从而有了弥补和提升自己的参照物。如果长期将自己禁锢在一些狭小的圈子里，就会给自身带来诸多负面影响。比如说，对外界的新变化知之甚少，造成视野狭小、思路狭小，严重与现实脱节；自身的一些表现能力尤其是语言表达能力会严重退化，这会成为人际交往中人为制造的障碍；情绪会严重低落，甚至会出现较大的波动。这些负面影响，粗看起来是妨碍了人际交往能力，实际上是阻碍了成就事业的能力。所以，必须多与人接触，这样才会校正自己，建立成就事业的人脉圈。

当自己的接触面很小时，可以自己设计接触机会。对于父母来说，想在孩子很小时就自觉地培养孩子的社交能力，这种人为设计的机会就非常有效。比如说，让孩子做东邀请小朋友到自家做客。在这一过程中，不要干涉孩子的行为，让他以家长的方式自主决定与小朋友交谈、玩耍的内容。这种人为设计，往往会起到非常明显的效果。

第二，树立尊重意识。

在与人交往时，不管对方与自己有着怎样的差别——或身份地位悬殊，或财富差距太大，首先都要树立起主体平等的意识，懂得彼此尊重。只有这样，才能让交往呈现出礼尚往来的良性状态。因而，在交往时，要时刻做到以诚待人，不圆滑世故；以心换心，不盛气凌人；保持适度的距离，不侵犯对方的隐私；谦虚友好，不能只顾自吹自擂，把别人晾在一边；言而有信，不见风使舵。只有这样，才能俘获人心，赢得信任和友谊。这样，自然会拥有良好的人际关系。

尊重是维系良好人际关系的前提和基础。尊重虽作用在行为上，其根源却在意识上。这种意识，不应是一种应付式的暂时存放，而应是指导行为的信息源，可以与心性融为一体。只有这样，交际中出现意外情况时，才不会让情绪突然陷入失控状态。从这个角度来说，尊重意识是高情商的一种内涵。

第三，懂得掩饰不良情绪。

生活中比较常见的一种情形是：已经约好了与客户见面的时间，可是在赴约途中，突然与他人的车辆发生了剐擦纠纷。这时，分不清谁对谁错，对方蛮横无理，不仅用难听的语言对你进行谩骂，甚至还想对你拳脚相加。可以想象，这时的你一定气愤难平，觉得特别委屈。不管这件事最终是如何收尾的，对方强加给自己的那些胡言乱语一定不会让你有好心情，你的情绪波动一定特别大。如果这时你不对自己的情绪进行控制，十有八九会使此次会面收不到任何成效。

为此，遇到类似受不良情绪干扰的事件时，你首先要做到的一点是学会掩饰，以饱满的热情和灿烂的笑容去与人交往。在这之前，可做一些身心调整的活动，比如说，找个熟人寒暄几句，驱散心中的不愉快；时间紧迫的情况下，可通过用凉水洗脸或喝饮料来缓解情绪。

社交的一个不自觉的目的就是以彼此开心的方式来营造一种宽松的相处环境。一个人将不良情绪带进社交场合时，必然会给他人的情绪带来负面影响。这种负面影响是同他人的主观意愿背道而驰的，因而，不管当时你的不良情绪有没有遭到别人的抵触，事后你在人们心目中的地位一定会大大下降。这时，你定会追悔莫及。

能够控制自身的不良情绪，是情商高的一种表现。学会在与人交往时掩饰不良情绪，还体现着一种你对他人的尊重意识。

第四，永不泯灭热情。

热情，是一种建立在情感上的积极、主动、友好的态度，它是人的积极情绪的外在反映。

成功，是每个人都渴望的一种生活状态，也可以说是人生追求的目标。但更多的时候，对更多的人来说，通向成功之路并不平坦，有时是非常坎坷。这种境遇，可以充分地反映在每个人的心态上，体现着每个人的心理驾驭能力。美国斯坦福大学的心理学家通过研究后发现，那些最终拥抱成功之人，他们之所以能够成功，并不在于他们自身条件多么优越，也不在于他们先天基础多么雄厚，而在于他们比他人有更可贵的两种心态，一个是坚持，另一个是热情。

“热情”并不是一个专属名词，每个人都拥有热情，情绪高涨时，任何人都会热情似火。然而，并不是每个人对热情都时刻保持着新鲜感。有些人会在突如其来的变故面前让热情突然熄火，甚至彻底变得冷漠。从社交的角度来看，热情是一种积极情绪，它能转化为投身事业的干劲。这种干劲中，包括以一种积极的心态营造良好的人际关系。因为热情具有感染力、鼓动性，能让人感受到被尊重、被关怀。永不泯灭自己的热情，也就意味着让自己永远受人欢迎，从而在社交中赢得一席之地。

如果不是刻意教导，人的社交行为方式，都是从后天模仿中得来。这些被模仿的对象，基本上都是自小与自己接触最深且负有教养义务的人，比如说父母。父母的一言一行，在影响孩子行为的同时，也在影响着他对行为方式的取舍。一旦孩子长大成人，就会在父母影响的基础上形成自身的行为方式。经验和事实表明，采用培养的方式，自小就向孩子们灌输社交意识，教导他们掌握社交技巧，就可以影响和提升他们的社交能力。对于不同年龄段的人来说，只要抱着虚心学习的态度，注意循序渐进，日积月累，也可以培养起良好的社交商，从而为自己的事业营造宽松的人际氛围，让自己领略到“众人拾柴火焰高”的喜悦。

3. 怎样扩大自己的社交圈

现代社会，是一个越来越开放的社会。从一定角度来看，每个人都拥有自己的社交圈。然而，随着与社会接触层面的不断扩展，不少人会发现，自己身边所谓的社交圈，不如叫生活圈更准确。因为这个圈子里的成员，多不过是家庭成员或亲戚邻居，甚至连一般意义上的朋友都很少见。因而，出于个人内心的渴求以及事业发展上的需要，人们都希望通过广交朋友的方式来扩大自己的社交圈。

人们扩大自己社交圈的做法通常是，通过一定的方式与陌生人结识，最终把他变成自己的朋友、熟人，并且长期保持这种关系。这种做法本身就是一种亲力亲为的社交行为。随着网络技术的成熟，通过网络媒介可以实现足不出户地交友。不管哪种做法，要想成功实现交友，最关键的步骤就是赢得对方信任。怎样才能做到取信于人呢？俗话说，打铁还需自身硬。因而，要想取信于人，就必须做到提升自己的情商，以过硬的自身素质实现有效的交流，从而达到目的。要做到这些，可从以下几个方面做起。

第一，调整自己的心态，让积极情绪常驻心头。

俗话说，人比人，气死人。这显然是从攀比的角度提出来的。也就是说，当一个人抱着攀比的心态来衡量自身时，就会因双方产生的巨大落差而让消极情绪控制大脑，从而被怒气折磨得苦不堪言。人的欲望是无止境的，往往是欲望越高，却又得不到满足时，社会在巨大反差面前产生心理的严重失衡。

虽这世上没有所谓的绝对公平，但只要拼搏进取，每个人都有可能成为高回报者。因而，实在没必要把目光仅盯在不公平本身，而应该在承认不公平的基础上，把自己培养成为不公平中的最大受益者。当人的思维能力转向这个层面时，他就不会被消极情绪所控制，对现实也就不会再抱以悲观失望的态度。这时，他的事业就会有目标，会产生干事业的动力。这种动力，往往会让人变得积极乐观，从而在事业和社会交往中始终保持良好的心态。

第二，不断学习，提高自身的素质。

酒逢知己饮，诗向会人吟。这是人际交往中的重要法则。谁都可以想当然地举出这条法则在现实中的重要体现。比方说，让愤世者去迎合政客，让守财奴去巴结慈善机构等。从人际交往的角度来看，这条法则实际上是诸多社会现象的高度概括。在社交场合，当人们都对收藏古董侃侃而谈时，你却像个局外人一样，一脸茫然，谁还会把注意力落在你身上？这样，你自然结交不到新朋友。

知识大爆炸，注定了现代社会是个终身学习的时代。通过不断学习，人们不仅能了解更多的知识，还能拓宽视野，开阔眼界，让人变得广闻博识。这些从社交上来说，能让人有能力与各方面、各层次的人进行交流，如果能正确发挥，就能以学识的方式让人折服，从而打动人心，为自己赢得友情。

当然，世上的知识无穷无尽，人的有限精力不可能也无法做到面面俱到。因而，在学习时，既要掌握方法，也要注重目的。有时，出于应急的需求，可以通过培训、充电的方式让自己了解一些相关的知识。当然，这种方式只是权宜之计，仅可作为应急之用。真正提升自己素质的学习方法和方式，在于持之以恒和日积月累。

第三，不要放弃接触交流的机会。

任何人都一样，他所掌握和接受的包括知识、技能等生活认知，这些都需要通过后天的学习得来。在这一学习过程中，最快的提升自己的方法就是多与他人进行接触交流。从社交的角度来看，一个人如果长期为身边的琐事所羁绊，那么，他的社会关系网络就会逐渐走向枯竭。失去了人脉关系，首先带给自己的就是生存空间的萎缩。就好比一棵大树，它之所以能长得枝繁叶茂，就在于它有发达的伸向各处的根系。这些根系帮助它汲取营养，稳固根基，以强壮的身躯抵抗着自然界的风吹雨打。

俗话说，多个朋友多条路。在事业或生活过程中，谁都不可能一帆风顺。当逆境无端降临到自己头上时，广泛的社交网络，能够让人左右逢源，从而顺利抽身。其中，重要的一点就是拥有自己的人脉圈。其实，现实中出现的机会对每个人都是均等的，只不过有的人善于把握罢了。怎么把握？就是绝不坐等机会降临，而要学会主动出击。凡是有接触交流的机会，都要积极把握住，从而实现广交朋友的目的。

第四，寻找或创造机会展现自己。

在与人交往的过程中，最忌讳的是以完全的观众心态对一切交往都表现得无动于衷，而应该采取主动，施展热情，将自己推广出去。金子再怎么昂贵，被泥沙埋没的话，也不能发出光来；人再怎么优秀，不向他人进行展示的话，就会被他人视作平庸。从社交上来说，一个人如果不勇于展现自己，那么社交圈的范围不但会大幅缩小，其质量也会大幅降低。根据人以类聚的择友标准，他所结识的人也会出现同质化的特性。而勇于展现自己，就能让那些比自己各方面都优秀的人赏识自己，进而愿意与自己交往，最终成为朋友，从而为我们的社交圈注入新鲜血液，为我们的事业赢来助推力。

因而，提升情商，不是为提升而提升，而是要让它发挥作用，扩大自己的社交圈。想扩大社交圈，可采取以下方式：

（1）如果有朋友邀请你去参加一场聚会或活动时，不要拒绝，哪怕与这个朋友仅是一面之缘。要欣然接受邀请，积极参加，说不定能在聚会或活动中，结识不少新朋友。对于比较熟悉的老朋友聚会或老同学见面会之类的活动，也要积极参加，并且要经常进行问候。

（2）外出参加一些会议的过程中，对于感觉良好的人，不妨多搭讪几句。在这种搭讪过程中，如果感觉两人十分投缘，特别谈得来，就可以留下彼此的联系方式。记住，当两人分开后，要多多保持联系，这样，你就又多了一个朋友。

（3）在工作中，如果始终保持谦虚热情的态度，就能给外人留下极好的印象，时间一长，你就会赢得极好的口碑。这样，大家就会主动结识你，并为你宣传美名，从而让你结识更多的人，你的社交圈就会因此越来越大。

有一些工作本身就特别适于结识各种各样的人，只要有心，就能随时扩大自己的社交圈。比如说，翻译、导游等。如果你在这些工作中多多用心，广泛积累人脉，这在扩大社交圈的同时，也是为自己积累了另一种形式财富。

需要注意的是，在与人交往时，虽要通融，但也一定要坚持做人的原则，守住做人的底线。最好做到：不圆滑世故，不损害他人，处事有张有弛，有节有度。只有这样，才能让结交的朋友打心眼里欣赏你、敬佩你，才会让一些“潜在的”朋友主动与你结识。

4. 情商对社交到底有哪些影响

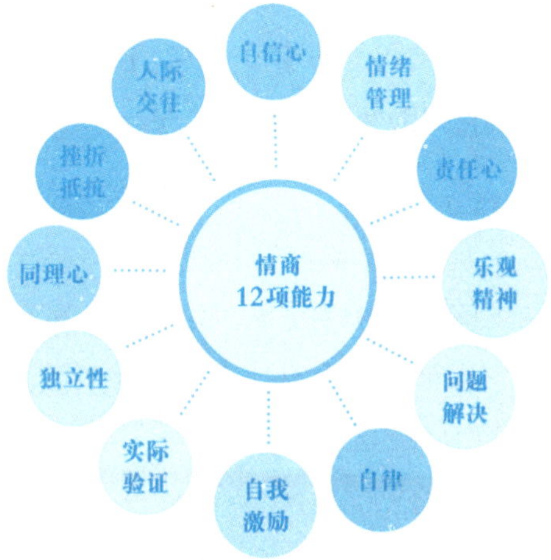

图8-4-1　情商12项能力

现代行为心理学研究成果再清楚不过地表明，一个人的社交范围广不广，在圈内受不受欢迎，主要取决于人的情商高下。这种高下，就如同一杆标尺，将一个人对社交圈的影响丈量得一清二楚。其中，最主要的影响体现在以下几个方面。

第一，话语权。

所谓社交圈，最直观的表现就是身边有一群自己认识的人和认识自己的人。这些人一般并不以强制力或利益关系为纽带而牵连到一起，而是基于兴趣、爱好之类的生活情趣走到一起。因而，这样的人之间并不存在什么依附性的关系，纯粹是松散、流动的。如何让这样一群人自觉自愿地接受自己话语的引导，直接体现出一个人情商的高下。换句话说，就是在社交圈子中，情商与个人在圈内的话语权往往成正比。

需要指出的是，这里的话语权所针对的是社交圈。作为圈内的朋友，每个人都是平等的个体，他们的思想只受控于自身，不存在外界的压力、逼迫。在现实中，一旦脱离这样的社交圈，话语权往往就会和利益牵扯到一起。当一个人能给他人带来利益时，受益者越多，他的话语就越有分量。而社交圈中的话语权，是一种基于公正、良心之上的与个体利益无直接关联的话语引导权。它只取决于情商，与利益无直接关系。

第二，威望值。

威望值指的是对人的声誉和名望的判定标准。威望值的取得，与人的情商并无直接关联。它通常是以人对社会或群体所做出的贡献来作为评价标准的。贡献越大，威望值越高。

社交圈内的威望，是建立在现实的贡献之上的。华盛顿凭着自己的正直和做出的巨大贡献，被人们推举为独立军总司令。美国真正获得独立时，他身边不少拥戴他的人，包括众多的民众，都发自内心推举他担任美国的国王。然而，他坚决不接受，而且在担任两届总统后，不顾人们的再三要求，坚决将总统的位子留给了后来者。为此，他在美国民众中获得了空前绝后的威望，有人还将他雕刻成山体石像永作纪念。当然，把华盛顿及广大民众归为一个社交圈的比喻并不恰当，但是，它能说明问题，说明威望值获取的原因在于能做到自我控制。从社交的角度来看，一个人在社交圈内做出巨大的贡献后，如果能自我调控，让高情商占据头脑，就能让自己的威望屹立不倒。

第三，亲和力。

简单来说，亲和力指的是在交往过程中一个人通过自身的言行而让他人愿意与其亲近交往的吸引力。亲和力不是天生的，也不是靠哗众取宠得来的，它是情商提升到一定程度必然出现的结果。具有亲和力的人，总能左右逢源，在社交圈中如鱼得水。一个亲和力不强的人，首先要从自身找原因。通常会包含以下几个方面。

（1）自以为是。人都有自恋情结，对财富的追求可以做到永无止境，但对自身智慧的追求却总是不屑一顾。呈现出来的行为就是自以为是，孤芳自赏。这样的人，往往都有一定的自负资本，这个资本支配着他恃才傲物，并渐渐转化为以己之长量人之短，终至目中无人。

（2）妄自菲薄。世上事本来就有先有后，有先知先觉，有落后寡见。可是，一些人只看到了别人的长处和自身的不足，自觉地置自己于人下的位置，自轻自贱。时间一长，这种人就会被一种惰性的消极情绪所包裹，让人生出暮气。而人们自然不愿与这样的人交往。

再就是，适应能力极差，又不注重随时学习和及时调整心态，结果就使自己的社交形成了恶性循环——适应力越差，越打不开交际局面；交际局面越打不开，就越不能适应交际变化的节奏。这种恶性循环，实际上就是自己将自己推出交际圈的大门。

第四，信任度。

信任，往往是人与人之间通过交换真诚取得的产物。从社交意义上来说，它可以作为交往的基础。因为人们从事社会交往，除去情趣方面的原因外，首先所能想到的就是能让自己有收获，而不是损失，并且这种收获更侧重于精神。换句话说，社会交往就是一个信任他人和获得他人信任的活动。在这种活动过程中，任何不信任存在的因素，都有可能让交往终止，甚至产生摩擦。

哲学家弗洛姆就说过这样的话："人可以使自己适应奴役，但他是靠降低他的智力因素和道德素质来适应的；人自身能适应充满不信任和敌意的文化，但他对这种适应的反应是变得软弱和缺乏独创性；人自身能适应压抑的环境，但在这种适应中，人发生了神经病。儿童当然也能适应暴力作业，但暴力作业中含有的奴役、敌意、压抑，会全面地破坏儿童人格与意志的完整和健康。"这番话从社交上来解读就是，失去了信任，把自己的意愿强加在别人的痛苦之上，即使有了所谓的交往，也不过是违背平等原则的一种外在强力所迫的结果。这样的交往，会给别人带来情感上的严重伤害，是敌对情绪产生的根源。从中不可能赢来信任，这样也就不可能形成友谊式的社交圈。

所以，同威望值一样，情商对信任度所起的也是维系的作用。高情商，能够让信任度在社交圈内获得长存。

第五，号召力。

号召力通常指的是通过信念、价值观等要素来鼓动别人追随自己的一种能力。简单地说，就是当你陈述一种观点时，能得到别人的支持或拥护。在各种社会组织中，号召力往往与权力紧密结合在一起。通常是谁权力大，威望高，谁的号召力就大。但作为社交圈来说，本就不存在权力的维系，大家都是独立平等的个体。因而，这其中所涉及的号召力，更多的是一种自觉自愿地对他人的认同和支持。比如说，当一个地方发生了大的天灾人祸，同样是有人站出来向大家发出募捐的号召，相比社会组织来说，这种号召的提出者有可能会招来圈内人士的反感，从而让自己的人缘范围缩小。因而，谁发出号召，谁就有可能成为遭人抵制的对象，而为此付出的代价就是降低其在圈内所获得的声誉或地位。

情商高的人，时刻让理智占据心头，如果发出号召，也必定是经过深思熟虑之后才做出的。这样的号召一发出，总是能得到多方面的响应与支持。受到响应与支持越多，他在社交圈内的号召力就越大，他所积累的人脉也就越厚。

除此之外，情商对社交圈的影响还体现在社交感染力、深度、广度和气氛诸方面。不管怎样影响，一个不变的现象和事实是，高情商的人，对社交圈的影响都体现为积极健康的一面，低情商的人，对社交圈的影响都体现为消极破坏的一面。所以，要想提高自己的人际交往能力，扩大社交圈，必须首先提升自己的情商。

5. 高情商怎样帮助你成为社交大赢家

现代心理学研究指出，高情商者具有低情商者所不具备的五大能力。它们分别是：能清楚认识自身情绪；能妥善管理情绪；懂得自我激励；能够体会他人情绪；善于人际关系管理。这些能力已成为他们战胜自我的强大武器，让他们时刻都能保持冷静的头脑，遇事时让理智战胜情感，控制情绪，抑制冲动，驾驭欲望，远离不良情绪。所以，他们呈现给人的都是一种良好的精神面貌，让别人愿意与他们亲近交往。高情商之所以会取得如此明显的社交效果，其原因总体上包括以下几个方面。

第一，高情商能让人拥有自知之明。

人贵有自知之明，但并不是所有人都懂得这一点。遗传基因的不同，让人呈现出不同的特点，包括优点、长处、劣点、短处。在后天的社会活动中，所接受的教育和所处的环境不同，也就让不同的人具有了不同的情趣、心性和行为方式。同样，这其中既有让人称羡之处，也有让人诟病之处。在社会交往中，人们所尊奉的原则是求大同，存小异。这就要求人们首先对自身有一个清醒的认识，这个清醒的认识就是自知。

喜欢听好话，喜欢听他人奉承，这无疑是人的共同心性。但是，如果听到好话、奉承话就信以为真，觉得自己很了不起而飘飘然，甚至拿它来作为诋毁他人的利器，那么，仅从社交的角度来看，这样的人必定会受到他人的反击。这种反击，如果没能让自己及时地反省、认知自身，会导致自负心理进一步加剧，各种预料不到的负面情形也会随即出现。

高情商的人，他们的过人之处就是能够从多个角度省察自身。这种省察，实质上就是找出自身存在的缺点并进行改正，从而锤炼自己的自知之明。他们懂得人外有人、天外有天，尺有所短、寸有所长的道理，所以，会随时对自己的学识能力、人格品质进行评判，发现问题就及时纠正。这样，在社会交往中，他们就不会表现得孤芳自赏、狂妄自负，而是平和谦虚、大度宽容，这样就能迅速拉近与他人之间的距离，让自己不陷于社交孤立中。

第二，高情商能让人克服社交心理障碍。

有社交心理障碍的人，与人交往时会不由自主地产生压抑、焦虑、烦恼、不安等紧张情绪，甚至感到无所适从，从而在心理上产生对社交的恐惧，不愿与人交往。心理学家将形成心理障碍的心理原因归为：恐惧、自卑、孤僻、害羞、封闭、自傲、敌意和干涉。这些心理，往往都是在遭遇不幸，或处于过度紧张状态之下长期得不到缓解而形成的。作为社会中的成员，高情商者同样也会遇到这种让人回避、厌弃之类的负面生活情形，但由于他们已经打造出了有效的应对不良情绪的免疫系统，因而他们能克服社交心理障碍，远离不良情绪的干扰。通常，他们都是采取下面的方法来战胜自我的。

（1）宽容。当高情商之人在事业、爱情、婚姻等各方面有不尽如人意之处，甚至受到无端打击时，他们通常都会选择付之一笑。这种做法，往往说起来容易，做起来难。比如说，当你受到谴责、被别人当众羞辱时，你还能对这样的人保持宽容吗？其实，这里的宽容，指的是心气上的宽容，不要一听到别人说自己的坏话就火冒三丈，要保持情绪上的稳定。只有情绪上能稳定自己，才能做到沉着应对，据理力争。

（2）有效排解不良情绪。社交场合出现的任何纷争，首先都是由不良情绪引发的。不良情绪的产生，既有外界的强加，更有内心不满的累加。这时，如果及时排解掉不良情绪，也就不会出现什么纷争了。排解不良情绪的方法很多，在社交场合，不妨多运用一些幽默的方法。

美国总统林肯一次在台上演讲时，收到下面的一位青年递上来的一张纸条，纸条上面只写着两个字：“笨蛋”。林肯尽管因此感到不悦，但他很快恢复平静，笑着对大家说：“我收到过许多匿名信，全都只有正文，不见写信人的署名；今天正好相反，刚才这位先生只署上了自己的名字，却忘了写正文。”

这样的幽默话语一出，相信台下的人也不好出面反驳，台上人也及时排解掉了不良情绪，这样也就不会产生什么纷争了。另外，他们还会通过转移注意力、参加一些开心活动或接受安慰等诸多的方式来排解。

第三，高情商能让人广结善缘，得道多助。

“一个篱笆三个桩，一条好汉三个帮。”现代社会，再也不是单打独斗的英雄时代。每项社会事务——工业、农业、商业等各方面，都需要人们齐心协力，通力合作才能完成。这实际上表明，要想成就一番事业或获取成功，必须借助更多的资源，尤其是人力资源。怎么获取人力资源呢？社交就是一条高效的途径。说具体点就是广泛地和他人之间建立起融洽的关系，即广结善缘。广结善缘，能使人得道多助，从而成就自己的事业。

高情商的人，与人交往时，能够做到换位思考，并懂得尊重别人，知道怎样去帮助别人。所以，他们在社交活动中，结交的不仅是人缘，更是友谊。这种友谊，放到事业上来说，就是人脉。有这些人脉，办事时自然就顺畅很多。

第四，高情商能让人直面挑战，拥抱成功。

现代社会是一个竞争的社会，在这样的社会里，往往会出现知识、技能解决不了的问题。这些问题就会给人们带来挑战。但是，对不同的人来说，由于其成长的环境和心理认知的基础不同，对于挑战也就有了不同的反应。不论怎么反应，无数的事实已经表明，只有敢于直面挑战者，才能赢得最终的成功。在这方面，高情商者应该说是成功者的主流。

高情商者都有积极的心态，在任何挑战面前，他们除心理强大，有着极强的应变能力外，还会从外围寻找到解决问题之道。从社交层面上来说，他们可以依靠积累起的丰富人脉，将遇到的挑战有效化解。高情商的人能赢得他人信任，能获得自身资源以外的资源，自然在遇到挑战时，比他人更容易解决问题，拥抱成功。

第五，高情商能让人增添智慧，活出精彩。

情商是以智商为基础的。智商是分析问题、判断问题和解决问题的能力，而问题之外的人际关系，就要靠情商来处理。高情商的人能够有效处理人际纠纷，营造和谐融洽的人际关系，与他本身所拥有的广阔视野、丰富阅历是分不开的。这是一种良性的互动过程，即高情商者拥有超于他人的视野和阅历，并且不断积累来提升情商，这种积累实际上也是智商的提升。二者合在一起，智慧自然就会得以增添。

高情商的人，从容自信，悦人悦己，不管在哪里都会受到欢迎，他们自然也就会成为人际交往中的赢家。

6. 融情商于气质，自动赢得社交

气质，指的是人的精神层面所形成的一种稳定的心理特征，主要表现在情绪体验的反应上。比方说，有的人具有文静的气质，那么，在遇到一些意外变故时，他就做不到像一般人那样大喊大叫；有的人具有刚毅的气质，在处理一些问题时，就会有百折不挠的决心。气质并不都是天生的，更多还是靠后天培养出来的。不同的气质，带给别人的感受是不同的。比方说，一个高雅气质的人，就会带给人赏心悦目的好感。

不同的人具有不同的气质，从社交的角度来看，并不是每一种气质都会让人产生好感。比方说，一个具有孤傲气质的人，就会时时给人一种拒人于千里之外的感受。这样气质的人，他的社交圈自然就会大打折扣。反过来，一个人具有良好的气质，比如高雅、豪爽、随和，在带给人好感的同时，还能让人乐于与他亲近，主动交往。

美国心理学家研究指出，那些具有受人欢迎气质的人，都有高人一筹的情商。也就是说，当一个人将情商融入气质当中时，赢得的不仅是社交中的人气，还包括别人对他的敬崇。要想做到这一点，需从以下几个方面着手。

第一，任何情境下都不随便显露自己的情绪。

有人常这样认为：我要活出自我，该高兴时我就大笑，该哭泣时我就流泪，凭什么非得压抑自己，自欺欺人。其实，这种观点是从人性中自我的角度出发而得出的。作为社会交往中的人，如果还这样认识的话，就属于典型的自恋心理。

哈佛大学管理世界的第一句话就是“不要随便显露你的情绪”。因为按照人际交往法则，其中重要的一点就是，不要让自己的行为影响他人。

你影响了他人，就是对他人的不尊重。所以，不随便显露自己的情绪，包括积极情绪，这样做最直接的动机就是尊重他人。出于人的对等心理，你尊重他人，也就必然会赢得他人的尊重。

一个能控制自己情绪的人，往往会让对手无从知晓自己的内心世界。比方说，在谈判桌上，你时刻保持镇静的状态，说话办事有条不紊，就不会让人窥知破绽，从而将主动权牢牢掌握在自己手中。

所以，把气质建立在情商基础之上，不逢人就诉说自己的处境，甚至唠唠叨叨个没完，遇事也不喜怒形于色，就会培养出一种沉稳的气质。这样的气质，是一种值得托付的气质，在与人交往时，这种气质也会为你吸引来有价值的社交。

第二，先思考，再发表，处理问题有主见。

自古都是行成于思，毁于随。人们每天甚至每时每刻都在思考，通过思考来决定自己的取舍和行为方式。只是，受一种惯性思维支配，这种思考往往都遵从个人的心性或生活习惯、生活经验。因而，这样的思考就带上了深深的主观烙印。毫无疑问，受个人的学识和阅历所限，这样的思考所做出的决定都带有相当大的片面性。这也就表明，思考还应该是跳出原有框框的思考。

从社交角度来看，这种思考体现在自己的言行带给自身和他人的影响，更直接地说就是，在社交过程中，不让自己的言行给任何一方带来负面情绪。从这个角度出发，才能避免交往中的负面情形出现。其实，人云亦云也可以不制造负面情形。只是这样一来，个人在他人眼里的品位可能就会急转直下。所以，这种思考还要有一种气质的意识在里面，即让自己在与人交流沟通时，尤其是遇到问题时，能有自己的主见。提升情商，不是让自己成为和事佬，而是让自己通过营造良好的人际关系来服务于自己的事业。这样的思考，实际上是提升自己气质的一个方法和手段。

第三，做个有心人，学会从细节中寻找突破。

做个有心人，实际上就是提升自己发现问题的能力。从社交的角度来看，就是让自己做个热心人。所谓热心人，除拥有对人热情的特质外，还应是一位乐于关心他人的人。

史密斯先生功成名就后，决定到一些地方投资建立葡萄酒生产工厂。得知他的决定后，一些盛产葡萄的地方政府纷纷向他发出考察邀请。结果，他每到一处都受到鲜花笑脸的热烈欢迎。可是，最终他决定在一个在交通、基础设施建设等各方面都无明显长处的名叫“雅各”的农庄处办厂。为什么他会作出这样的选择呢？原来，雅各农庄并没从经济效益的角度来宣传自己，而是把关注点落在了史密斯本人身上，提醒他在该地办厂将会遇到哪些困难，要花费哪些时间，以及气候变化对史密斯身体健康的影响。然后，他们又提出了一些良好的解决问题的建议。

这个事例中，雅各农庄能够打动投资人的关键，就是做到了用心。其实，别的农庄何尝不是有心人，只是他们普遍忽略了一个细节：史密斯作为功成名就者，是他抱着经营事业的心态，而不是更多获取利润的心态来投资办厂的，可他们都把眼光落在了经济效益方面，这定然不会打动他。

在社交领域，细节同样能决定成败。所以，与人交往的过程中，能够从细节着手去关心帮助他人，就能以积极的方式主动打造良好的人际关系。这实际上就是亲和气质的培养方式。

第四，做不到的事不承诺，承诺的事要设法兑现。

承诺是构成信用的基石。所谓承诺，就是答应别人的要求并去兑现它，与之相反的就是言而无信。在人际交往过程中，少不了应承方面的诉求。这种诉求一旦成立，对于承诺者来说，实际上就是开始了一个践行信用的过程。承诺得到兑现，他在诉求者的心目中，就建立起了具有人格魅力的信用度。

美国一位小学校长为鼓励学生们读书，就向学生们公开承诺：如果学生们在11月9日前读完15万页书，那天他就会爬着到学校上班。

学生们发奋读书，在11月9日前就读完了15万页书。结果11月9日7点开始，校长就趴在地上，从家里一直向学校爬行，一直爬到学校。这个过程中，过往的车辆都通过鸣笛的方式向他致敬，而一些学生对此大为感动，竟跟着校长一起爬向学校。

这个事例是从正面向人们表明：兑现承诺，比承诺本身更具有意义。在现实交往中，一些人当初作出承诺的动机和出发点都是好的，只是到后来，出于自身的条件和能力，心有余而力不足，无法做到兑现承诺。可以想象，这样的结果对诉求者来说是多么伤心的事。这样的情形告诉人们，承诺前，一定要三思，不要图一时的显摆而不顾后果。

做不到的事不承诺，承诺的事要设法兑现，这样才无损于个人的信用度，才会提升个人在社交圈中的公信力。

第五，待人接物掌握分寸，注意场合。

成功之人，其实并不都是智力超群者。从一定的角度来看，他们的成功得益于他们能妥善处理人际关系。怎么处理？就是在待人接物时做到掌握分寸，注意场合。这体现在：为人直爽大度，但绝不无所顾忌；与人交谈时恰如其分，不口无遮拦，信口开河；遇到自己感兴趣的话题时，顾忌参与者的感受，做到适可而止；遇到自己不了解的方面，做到谦虚谨慎，实事求是，绝不不懂装懂。

气质是一种由精神到举止的修养。将情商融于气质的同时，如果不断地丰富自身的知识底蕴，注重品行修养，就会在个人身上形成良性互动，让情商和气质不断提升，从而广结天下朋友，娴熟处理各种问题，提升自身人格魅力，助推自己事业的发展。

附：社交情商训练题

以下是社交情商训练题，帮助人们正确认识自己的社交情商。

1.你的足球水平一般，老是原地踏步。公司准备搞一场业余足球比赛，你希望自己在这场比赛中担任什么角色？

A.前锋。B.中锋。C.后卫。D.巡边员。

2.你的好友新买了一身衣服，十分开心地向你炫耀。可在你看来，他这身服饰非常滑稽，甚至令你相当反感。这时，你怎么回应你的好友？

A.对朋友要掏心窝子，直接说出自己的感受。B.只是笑笑，不表达自己的观点。C.拐弯抹角地说出你的意思。D.还是照顾一下好友的面子，夸赞他一下。

3.大热天，你走在烈日下感到非常口渴。正好路边有一块西瓜地，长着滚圆的大西瓜。你决定用西瓜来解渴，正好现在附近没有人。这时，你会怎么做？

A.挑选一个大西瓜，走到树荫下砸开来吃。B.坐到地里，直接挑西瓜砸开来吃。C.仔细再瞅瞅附近有没有人，最好是找到人，用刀剖开来吃。D.还是忍着吧，渴死事小，被人当小偷拿事情就大了。

4.真是冤家路窄，竟然与前天冲你发脾气的同事迎面碰上。这时，你该怎么做？

A.人不犯我，我不犯人，他再犯我，我会打得他满地找牙。B.看到他我就恶心，我就按我的老样子前行。C.大人不计小人过，从现在起，两人井水不犯河水。D.还是打声招呼吧，做人要有宽阔的胸襟。

5.同事偷偷把公司的办公耗材拿回家，被你发现了。这时，你会怎么做？

A.见者有份，让他分给自己一半。B.假装没看见，对这件事不再过问。C.为维护公司财产，义无反顾地揭发他。D.晓以利害，劝他及早回头。

6.单位里，两位同事不知为什么大打出手。当时，只有你一个人在。可是，你的力量非常小，根本拉不开他们。这时，你会怎么办？

A.把吃奶的劲都使出来，再试试。B.发出刺耳的尖叫声，把他们打架的精力分散开来。C.直接拨打报警电话。D.边向公司领导汇报，边向附近寻求帮助。

7.参加舞会时，少不了要化妆。你认为脸上哪个部位最重要？

A.当然是眼睛——眼睛是心灵的窗户。B。当然是眉毛——眉毛最能吸引人注意。C.脸部的粉底若基础不劳，就不会有好形象。D.嘴部——交际最主要还是靠嘴巴发声来吸引人。

8.你已成为公众人物。如果心中藏有下列秘密，你最不希望别人知道的是什么？

A.你有过两段婚史。B.你曾经靠寄人篱下度日。C.你曾经对公众撒过谎。D.通过奋斗，你已成亿万富翁。

9.和朋友一起聚餐，朋友主动付了餐费，花费还不小。这时，你的想法是什么？

A.是他主动付款的，吃了也就吃了。B.觉得过意不去，下次不跟他一起吃了。C.还是向他道谢一下，表示自己会承担另一半费用。D.下次礼尚往来。眼下，跟他说说笑笑地离开餐厅。

10.参加朋友聚会，你最要好的朋友没有参加。这时，你会怎么办？

A.没意思，还是早点回家吧。B.还是找个理由回家吧。C.还是舍命陪君子，坚持下去，认栽了。D.陪下去吧，说不定能学到新东西呢！

11.你靠什么来吸引异性？

A.外表。B.气质。C.谈吐。D.时髦。

12.同事们见到你，最常见的态度是？

A.不冷不热。B.露出微笑。C.主动打招呼。D.熟视无睹。

13.参加公共活动时，周围人对你出现的反应通常是什么？

A.没什么明显反应。B.有人冲你热情握手。C.被热情的人们围了起来。D.面上带着反感，进行回避。

14.你在正式场合发表自己的意见时，听众们通常作出的反应是什么？

A.无精打采。B.基本上都是神情专注的倾听。C.说到精彩处，听众们会报以热烈的掌声。D.台下始终闹哄哄的。

15.你每次上台发言都不能吸引听众，你的感受是？

A.只要自己尽力就行了。B.自己的努力还不够。C.下次不是有针对性的话题和有针对性的听众，就不上台发言。D. 听众的素质太低。

16.参加聚会时，有人存心拿你取乐。这时，你内心的感受是什么？

A.当即反唇相讥，不能让别人占便宜。B. 用不影响气氛的态度反驳别人的取笑。C.做出无奈的样子与大家一起取乐。D. 表情严肃，一言不发。

参考答案及计分评估。

本测试计分共分两个部分：

第一部分1～10题：选C得3分，选D得8分，选A、B得0分。

第二部分11～16题：选B得4分，选C得10分，选A、D得0分。

将以上两部分的得分相加，就是总得分。最高分为140分。得分在100分以下，表明你的交际圈狭窄，交际能力欠缺，尤其是情商社交能力差。在与人交往时，你通常都处于被动应付情形中，处于边缘地位。得分在100～130分之间，表明你的情商社交能力适中。但是，当遇上突变情形时，你往往会犯低级错误，一时做不到立即调整，迅速出手。对于低情商者来说，不同之处在于，你知道该怎么去应对，但有力不从心的感觉。所以，还要多历练自己。

第九章

团队情商：如何打造高效能团队情商

怎样修炼“一览众山小”的领导能力

调动积极团队情绪的有效方式

世界500强都在使用的团队情商管理

怎样开发和培养员工的情商

全程跟随式的管理团队情商

从制度安排上打造团队情商

人的本质千差万别，行事方式也各有不同，但是，有时会在特定的场合或环境下出现同一情形。比如说，一个团队中，在个别人的鼓动和影响下，团队成员会迅速达成共识，采取一致行动。这时，他们在情感表达上都达到了空前的一致。这种空前一致的情感，就是团队情商。

带领团队，就好比驾驶一艘船。只有全体船员齐心协力，方向一致，才能顺利抵达终点。要让船员齐心协力，关键在于领导。从一定程度上来说，领导者的情商决定着团队的情商，它包含了领导的各种能力，比如赢得员工信任的能力、激励和鼓动员工的能力、教育和开导员工的能力以及以身作则引领员工的能力等。领导自身具备了这些能力，就具备了打造团队情商的基础。

打造团队情商，就要懂得掌控团队情商，对于团队中出现的负面情绪能够及时因势利导，使其成为推动团队合作的积极情绪。在事物发展，新情况不断出现的过程中，必须让团队情商得到提升，以适应变化。为此，还需采取多方齐动、全程跟随等方式来管理和提升团队情商。

1. 怎样修炼“一览众山小”的领导能力

团队情商指的是团队呈现出来的带有共性的情绪或情感，而情绪和情感都是人的心理行为的外在表征。也就是说，团队情商归根结底还是人的情商。它指的是团队中所有成员基于某种诉求而形成空前一致的情绪或情感，团队情商所体现的是领导者的管理水平。因此，处于关键位置的就是领导者。从一定程度上来说，领导者的情商决定着团队的情商。为此，要想打造高效能的团队情商，首先要提升领导者的情商，培养他“一览众山小”的领导能力。从国外心理学和管理学共同研究的成果来看，领导者可以从以下几个方面培养自己的情商。

第一，赢得员工信任的能力。

有人说，信任是一扇由内而外的大门，无法由别人从外面打开。一个人之所以能够赢得他人的信任，不是靠强硬的态度，也不是靠利益的诱惑，而是因为他为人真诚，言行一致，说话算数，说到做到。所以，信任是由“诚实”和“信用”合并而来。对于领导者来说，员工的信任度与个人的工作成效紧密相关。一个获得员工高度信任的领导，一定会受到拥戴。这样，当他发出工作指令时，员工们会积极配合，全力以赴。

人与人交往和相处的过程中，最真的情感就是信任。信任能化解世俗的虚伪，让彼此获得由精神到物质的安全感。获得别人的信任，是人生的一笔巨大财富。但是，千万不能做过了头，为求信任而故意做作，那样既会伤害别人，最终也会伤害自己。为此，我们时刻要记住的一点是，赢得别人的信任没有捷径，唯一的方式就是真诚。

第二，激励和鼓动员工的能力。

激励和鼓动别人的前提，是具备较强的沟通交流能力。沟通交流的方式多种多样，比如演讲、座谈、会议、信函等。对于领导者来说，同员工间的沟通交流通常都是工作需要。这时，领导者除应有的口才外，还要注意时效性，不能给人敷衍拖延的感觉。另外，注意把握沟通交流的实质内容，这样对话就显得干练、不散漫。

有沟通交流的能力，就具有激励和鼓动他人的行为基础。不过，在激励和鼓动时，还要特别注意方式方法。从领导者自身来说，首先要做到自信和诚恳。外在上，要显得神态自然，言语肯定；内在上，要镇定自若，不让人看出心中没底的样子。

在方法上，可采用先破后立。比方说，员工对团队某些现象（比如任人唯亲）非常不满，想改变这种现象却又觉得无能为力，于是普遍显出失望的心态。这时，可从团队制度上破除任人唯亲这一陋习，指出任人唯亲与团队的用人制度格格不入。然后运用一些靠人情进来的人员并没有在团队中享受到特殊照顾的事实，让员工们确信团队仍然是坚持按章办事的有原则的团队。这样可以及时消除员工们的不满，调动他们积极投身工作的热情。也可通过对比的方式，让员工们感知到团队的希望，从而不产生消极颓废的思想。还可通过摆事实、展示希望、捆绑利益和热情相助的方式来提升员工士气，从而实现激励和鼓动的目的。

第三，教育和开导员工的能力。

在团队中，总会遇到这样的情形：一些员工会因为生活或工作上有解不开的心结而导致情绪低落或情绪失控。这种情况如果不能及时得到妥善解决，轻则会影响工作，重则会酿成事端或灾难性事故。教育和开导这些员工，就成为领导者的一项重要能力。这方面的能力，领导者可从具体实践中培养提升。

在处理员工问题时，首先自然要了解问题的由来，这需要领导者必须学会聆听。聆听，并不是让人保持沉默，而是让人清楚地知道对方说了什么，以便对症下药。在聆听过程中，尽量让自己的神情配合述说者表述的内容。这样就不会让人感觉到你是在敷衍他，从而慢慢对你敞开心扉，使你抓住要领。

聆听过后，领导者可采用同情对方的态度去阐明自己的认识。在这个过程中，可以通过摆事实、讲道理的方式让对方接受或承认自己的认识。同时还要表明，自己的身份只是个团队的领导者，而不是社会问题专家，也不是政府民生部门的官员。然后，根据团队的有关规定，作出自己的决定。如果员工的权益需要维护时能够挺身而出，则可以在教育和开导员工上收到立竿见影的功效。

第四，以身作则引领员工的能力。

身教重于言教。作为团队的领导者，他的一双眼敌不过员工的无数双眼。所以，领导者的一言一行实际上时刻都处在员工的监督之下。团队的制度设计，人事安排，公平与否，合理与否，员工们都心如明镜。领导者以身试法或出尔反尔时，员工就会有样学样，大加效仿。这样一来，团队的所有规章制度就等同虚设，公共的权威将会逐渐丧失殆尽。到头来，领导者个人的权威也会丧失殆尽。

多林·基尔托阿克是基希纳乌市市长。2011年1月22日，基希纳乌市突降特大暴雪。作为市长的他，为解决市民出行不便的难题，提议购买了两台铲雪车。铲雪车买来后，多林亲自驾驶一辆车做起清雪工作。这种以身作则的行为深深感动了市民，他们纷纷出动，迅速将各街道的积雪清理完毕，使市区恢复正常秩序。然而，还没来得及高兴，多林就收到了警察署开具的罚单，并且让他在媒体上公开向市民道歉。原来，铲雪车是专业工具，必须由专人驾驶，多林明显违反了这项规定。但他没作任何反驳，立刻交上驾照，接受罚款，次日在媒体上做了公开道歉。多林的这一做法，不仅没受到市民们的指责，反而让市民们对他更加信任和拥护。

领导者只有做到以身作则，他所作出的各种决定、指令才会形成有效的影响力。那怎样才能做到以身作则呢？必须对团队的各种规章制度，包括自己作出的决定、指令了然于胸，对各种办事的程序了然于胸，并首先用这些章程约束自己的行为，严于律己，给员工做出榜样。上行下效，员工自然就没有理由不服从。

第五，驾驭全局，统筹决策的能力。

领导者要具备驾驭全局、统筹兼顾的能力，这既是对领导素质的要求，更是领导素质的体现。作为团队领导，要做到这一点，首先，必须做到对团队的情况了如指掌。知根知底，才能做到胸有成竹。其次，要善于区分重点性、战略性、方向性和关键性的问题。领导者在整个团队中是抓“大事”的人，要懂得授权，让自己不为日常琐事羁绊，担当起裁判员的角色。从另一个角度来说，领导者都是团队资源的协调者。所以，在协调资源时，领导者就不能循私情，而要从全局出发，做到决策公平合理。只有这样，才不会让下属感受到歧视或偏见之类的消极因素影响，这样也就不会让他们出现消极情绪，从而让团队保持高度凝聚力。

当领导者赢得员工信任，又具有各种引领员工形成合力的能力时，在自觉不自觉中，他就能够在团队中形成无形的权威。这时候，他就能有效地掌控手头的资源，以高屋建瓴之势率领团队奔向目标，摘取一个又一个硕果。

2. 调动积极团队情绪的有效方式

同个人情商一样，团队情商也受控于积极情绪和消极情绪。对于团队的领导来说，一个普遍存在的现象就是，有时无论自己怎么给团队员工鼓劲打气，员工就是找不到兴奋点，工作时情绪低落、办事效率低下。尤其是这个领导处在中间管理层的位置，一旦遇到团队情绪低落而影响工作开展时，就如同钻风箱的老鼠，两头受气。针对这种情形，美国一些著名大学的心理学教授，从行为心理学方面入手，总结出了以下调动积极团队情绪的有效方式：

第一，能随时感知到团队情绪的变化。

团队是由个体组成的，所以感知团队情绪的变化，首先就要从识别个体情绪入手。比方说，先前团队的员工非常遵守纪律，从没有无故迟到、早退的现象。即使有，当事人也会感到自责，并努力适应和遵守团队纪律。现在，团队员工突然变得散漫起来；先前团队的员工都视团队为集体，并为成为这个集体中的一员而感到自豪，现在荣誉感突然淡薄了；先前团队内出现什么问题，员工都积极反映并积极沟通以寻求最佳解决方案，现在基本上都选择了回避的态度；先前能轻松应付的事情，现在突然觉得有些吃力了。这些事都是团队情绪变化的表面现象。所以，管理者要学会发现这些表象并关注团队情绪的变化。

团队消极情绪有对应的特征行为。一般情况下，通过团队会议的形式，就能让这些行为充分呈现出来。会议中，面对团队的现状或问题，员工用沉默来应对，这就是团队的消极情绪；要求员工谈谈造成问题的原因，他们不是提出积极的解决办法，而是对这些问题牢骚满腹，这是又一种团队消极情绪；分配方案要求员工去解决问题时，他们不仅不主动承担，并且找出各种理由来推脱，这是另一种团队消极情绪。

团队出现了消极情绪，既是过去团队管理不到位的体现，也给管理者带来的新的挑战。这时，管理者就要本着对团队负责的态度，拿出自己的气度来调整团队，以使团队尽快摆脱消极情绪的影响。

第二，坦然面对，接受团队情绪的变化。

所谓接受团队的情绪，指的是以理解、同情的心态承认事实，而不是压制或打击员工的消极情绪和具有消极情绪的员工。

从人性的角度来看，员工在遇到团队快速变化时出现消极情绪是正常现象。因为人都或多或少地具有惰性，很少有人乐于适应新变化。在目前相对稳定的情形下，变化往往意味着风险，意味着多劳不一定多得。这种消极情绪可谓是人的心性的一种，自古有之。美国钢铁大王卡耐基之所以后来能成为富可敌国的大富豪，从一定程度上来说，是别人的消极情绪成就了他后来的辉煌。

卡耐基是苏格兰移民的后代。移民到美国后，他没有了家产，成为名副其实的“穷二代”。并且，他没学历，没文凭，是个先天性的赤手空拳的穷小子。他的第一份工作是匹兹堡的一家棉纺厂的绕线工，每天从早上天不亮开始，一直干到天黑，所得报酬为每周1.2美元。后来，他又进了另一家工厂烧锅炉。谋到一份快递员的工作时，卡耐基兴奋不已。在这份工作中，由于勤奋，他迎来了自己人生的一个转折点，成为一名电报员。这个机会完全是他无意中“捡”来的，实际上是别人的消极情绪馈赠给他的大礼。

当时，匹兹堡邮电局内一个操作员十分懒惰，对待工作极其散漫，打不起精神。他看到卡耐基勤快，就让卡耐基做自己的帮手，帮他处理业务。后来，他干脆让卡耐基顶替自己工作。也就是在这个不是自己岗位的岗位上，卡耐基依靠自己的勤劳和踏实，赢得了邮局领导的青睐，这使他攀上了事业的阶梯，通过一步步不懈的努力，最终摘得钢铁王国的桂冠。

其实，团队中有了消极情绪并不可怕，可怕的是不能以正确的心态去面对。保持正确心态的同时，还应该清楚地知道，团队快速变化时，团队的情绪变化要经历以下四个阶段：团队开始变化时，员工通常都愿意用老方法来工作，试图不做任何改变（这时，团队的工作绩效开始下降）；当团队变化已成事实，对于一些员工的利益势必会造成损害，他们必定会采取抵制的做法（这时，团队的工作绩效可能会降到最低）；当团队的变化不可逆转时，员工势必会调整心态，以适应新的工作节奏（这时，团队的工作绩效开始上升）；当团队的工作出现明显的成果时，员工们会出现积极响应，努力工作的情形（这时，团队的情绪就处于积极状况）。

管理者如果清楚这些变化，就会坚定行动目标，以自己的自信感染员工，从而营造出健康向上的团队情绪来。这是从战略上来考虑的。在战术上，还必须陪伴团队员工走过这一程（在这一过程中，要具体问题具体对待）。

第三，迎难而上，分析团队的情绪。

追根才能溯源，分析团队情绪的关键，也在于分析团队内员工们消极情绪的来源。一般来说，导致员工产生消极情绪有三种情形：一种是员工认为自己属于团队变化中的被动者，团队中出现的问题不应该由自己来承担，这是一种受害者心态；另一种是把团队产生的各种问题归结于团队高层管理者的决策失误。他们把一切问题都归于高层管理者的愚蠢，这是一种坏人心态；还有一种是处于最基层的员工，认为自己对于高层的任何决策都是无能为力的，除干活外，什么事也轮不到自己插手。所以，事不关己，高高挂起。显然，这是一种局外人的心态。

对员工的各种消极情绪有了充分的了解后，接下来就是对症下药。这是管理团队情绪的最后也是最重要的一环。

第四，有效沟通，调整团队情绪。

正确认识、坦然面对和不惧怕消极情绪，目的就是让员工的消极情绪变为积极情绪，从而引领团队获取最佳绩效。在沟通时，既要掌握方法和分寸，也要掌握方向和目的。起码要做到以下几点：

及时地向员工传达团队变化的各种信息，而且在传达时要态度真诚，不让员工产生误解；要学会倾听员工的诉求，从而有效地做到上情下达，下情上传，上下沟通畅通。员工的消极情绪来源于过去，如果运用策略，把员工的视野和思维引到将来的目标管理上，把目标转为引人入胜的一种激励，就能让员工从过去中解脱出来，产生出积极追求的愿望来。通过摆事实、讲道理的方法，让员工认识到消极情绪对自身产生的负面影响和不良后果，再让员工站在团队的角度进行换位思考，就基本能让员工的情绪归于理性，从而逐渐走向平和。此外，还有一个有效的策略就是“擒贼先擒王”，即争取使团队中有威望、有影响力的员工站到管理者一方——通过他们的影响力来感染、带动其他员工，从而帮助整个团队将情绪调整到积极健康的状态上来。

如果团队出现消极情绪而不能得到及时有效的管理，那么，团队人数再多，潜力再大，遇到问题都不能发挥出各人的正常水平，只能是一盘散沙，毫无凝聚力。只有将团队打磨成一支积极向上的具有凝聚力的整体，才能适应各种变化的需要，一路攻坚克难，无往不胜。

3. 世界500强都在使用的团队情商管理

人上一百，五颜六色。不同的人代表着不同的思想，不同的认识。即使是同一个人，在不同的场合、环境和不同的时间内，他的思想和情趣也会发生不同的变化。对于团队来说，管理的实质就是对人的管理。形形色色的人汇聚到一起，行事风格、认知程度各不相同，当他们围绕团队分配的任务展开工作时，难免会因为工作中处处存在有违自己的行事方式或心理预期的事而产生各种不良情绪，如抱怨不公、压抑埋怨和愤怒诽谤。这些消极情绪既会大大影响个人的工作质量，也会让团队的凝聚力松散，从而给团队运作埋下隐患，甚至会直接带来损失。还有一些以积极面孔出现的行为，如投机取巧、阳奉阴违、盲目自大、过于乐观等，其实都是对团队领导力的变相消极对抗。它们同样会对团队的运作带来负面影响，给团队运作埋下隐患，带来损失。

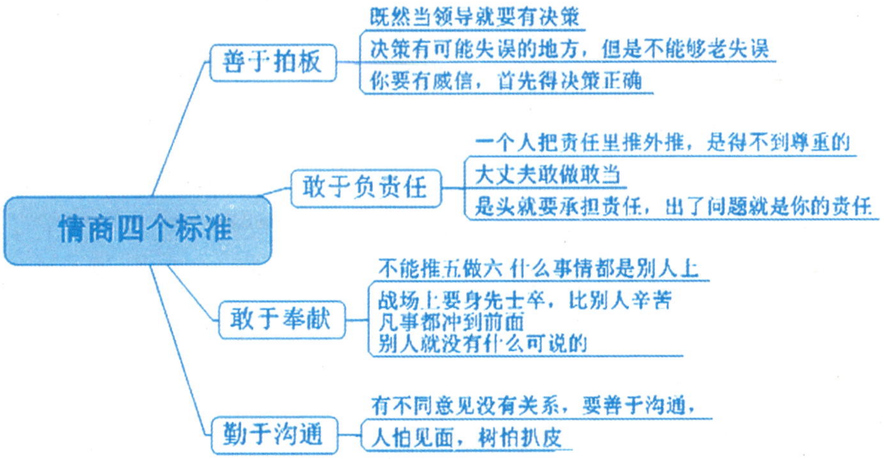

图9-3-1　情商的四个标准

为此，采取各种措施来提升员工的情商，关系到团队运作的质量和水准，乃至生存。对于团队各级管理者来说，从自我做起，努力帮助员工提升情商，是十分必要之事。如何处理？国外近年来一些世界500强企业在提升员工团队情商方面的成功实践就值得借鉴。他们的做法大体上包括以下几个方面。

第一，管理者先要提升自己的情商。

正人先正己，这是一条通用的管人原则。员工是人，管理者同样是人。从环境辐射的常理来说，个人认知范围内的情商维度，对个人本身会产生影响。也就是说，员工的情商变化会影响到管理者的情商变化。这时候，也是区别管理者与员工角色最为明显的时候。

作为管理者，首先，要摆正心态。这里的心态包括做人的准则、处事的风格和待人的原则等。其次，要摆正自己的位置。到什么山唱什么歌，本着有多大力气吃多少饭的原则，合理规范地行使自己的职权。另外，就是让自己的行为合乎团队的规章制度，合乎团队的文化。做到这些，再配上乐观进取之心态，处理起问题来一定会起到事半功倍的效果。

第二，以符合人性化的制度设计来预防员工的情绪波动。

所谓人性化的规章制度，并不是放弃起码的管理原则来放纵员工的行为，而是从人性化的角度来设计制度。德国的坎诺公司是一家机械制造公司，公司内从事机械加工的操作工当中，女性占比较大。他们的规定中，女性实际操作时间要比男性缩短1/3。针对这多出来的时间，他们会让女性从事一些如统计、清理等较轻松的辅助性工作。这种制度设计就是人性化设计。

这种人性化制度设计，可以有效减少员工的消极情绪，从而避免他们出现情绪波动。员工有了消极情绪，哪怕这些情绪并不是来源于工作当中，也应该建立起有效的诉求机制，从而及时发现问题，做出合理安排。

吉妮是纽约华尔街一家金融公司的柜员。一天起床后，她与丈夫因要不要小孩一事争执起来。她很爱丈夫，但不愿要小孩，这一次丈夫不但不遵从她的意见，还对着她大嚷大叫。一气之下，她满腹抱怨地赶到公司。工作中，她仍对与丈夫吵架一事耿耿于怀，怒气难消。当时，她的主管没注意到她情绪的变化，仍安排她进行柜台业务操作。由于她始终没能从与丈夫争吵的情绪中走出来，所以注意力一直不集中，结果，办理一笔贷款业务时，点错了小数点，多给了对方10倍数的金额。客户及时发现了这个错误，就以调侃的语气对她进行了友好的提醒。谁知吉妮竟认为是客户在故意嘲弄自己，一下子失去冷静，把客户的好心当作对自己的刁难，盛怒之下，吉妮便拿难听的言语来讥讽客户，导致客户当即拂袖而去，最终让公司的这笔生意泡汤。

如果吉妮的公司有员工诉求方面的制度设计，那么公司管理者就可以提前了解吉妮的情绪变化，通过临时调整她的工作岗位或者干脆给她放假，待她情绪恢复正常再来上班的安排，来避免她的消极情绪给工作带来负面影响。

人性化制度设计，体现的是对员工的尊重。一个受人尊重的人，他必定会以尊重作为回报。这样一来，即使有从外界感染来的消极情绪，他也不会产生大的情绪波动。

第三，用激励的方式，调动员工的工作热情。

企业存在的一个普遍现象是，刚进团队的新员工通常都是干劲十足。然而，过一段时间，待他手头上的工作或业务熟练起来后，工作的热情和积极性马上就会减下来，甚至出现懒散的行为。这种情形，如果不能及时制止，就会如瘟疫一样，蔓延成一种暮气沉沉的现象。对于企业的发展来说，失去进取心与斗志，就意味着衰亡。在改变这种情形的做法上，成功企业家的做法当中，最有效的一种就是激励措施。激励的方式包括物质和荣誉两个方面，对不同的企业和不同的员工来说，侧重各有不同。

IBM公司创始人沃特森的做法是，及时认可每个成绩并及时奖励。他会对出色完成一笔业务的员工或者工作上有突出表现的员工当场奖励500美元。有一天，一个年轻员工取得了了不起的成绩，当年轻员工走进自己的办公室时，沃特森想当即奖赏他。可是，他搜遍口袋和抽屉，也没找到什么，只找到一只香蕉。情急之中，他就将这只香蕉送给了年轻人，结果这一举动竟让年轻人非常高兴。也就是从这时起，香蕉成了IBM公司成绩的象征。

这个事例说明，激励措施也要有针对性，一味的金钱奖励并不见得就是良方。有的放矢地对员工进行激励，不仅可以调动员工工作的热情和积极性，反过来看，它更是一种提升团队凝聚力和提升员工本身素质的有效方法。

第四，有效疏通心结，而不是指责干涉。

水有源，树有根，员工出现消极怠工的现象也自有成因。在工作当中，员工的心态，比如情绪波动，通常是由个人认知导致。比方说，一些员工通常都会有这样的不满：自己努力干工作，各项工作都做得十分圆满，可领导就是不理不睬；而一些同事工作漫不经心、敷衍了事，甚至偷懒懈怠，不但没有被领导训斥，反而因善于讨好巴结而受到领导的赏识。又比方说，在与客户打交道时，客户的故意刁难或挑刺会让人受不了。以上各种现象，显然都难以让人做到心平气和。

从心理学上来说，每个人都有“自我中心”的心理情结。比方说，看问题时，错误都是他人的原因造成的；论成绩时，功劳都是自己的努力换来的。由于这种心性是人性当中的一种固有成分，所以要想改变它，并非一朝一夕之事。作为领导者来说，当员工出现消极怠工之情形时，千万别幻想通过改变别人心性的方式试图让员工振作，而应该在遵从人的心性的前提下，通过引导疏通的方式来实现。

高效的团队必是高凝聚力的团队。这样的团队之所以具有凝聚力，就在于员工能以团队利益为重，放弃或牺牲小我来成就团队这个大我。要让员工做到这一点，就必须以正确的心态、合适的方式与员工形成共同体，坚决铲除导致他们消极情绪滋生的土壤。这样做的动机和目的，就是提升员工的情商。

员工的消极情绪被排解了，情商自然会提升，出现的各种问题也都能得到妥善解决，心态自然就会朝积极的一面发展。在这种情况下，员工会积极主动地完成团队赋予的各种使命，而不是用各种理由推脱，让团队利益受损。

4. 怎样开发和培养员工的情商

一个优秀的企业，必不缺少优秀的人才。而一个拥有优秀人才的企业，也一定会成为同行业的翘楚。作为企业，想要让自己在激烈的市场竞争中站稳脚跟，除领导需要具备一定的管理和决断能力外，还要对员工进行精心培养，以打造高品质人才队伍，为企业的发展保驾护航。

优秀的员工不仅要有高智能，还要具备高情商。因为团队的发展离不开精诚合作，需要员工具有良好的协作精神，而这种协作精神正是来自员工的高情商。由于现代企业的管理模式更具人性化，因此，为使企业得到更好的发展，很多企业已将员工的情感力量视作促进企业发展的积极因素。从这点可以清楚地看到，在现代企业中，管理的重要任务之一就是加强对员工能力的开发，同时激发员工的活力。可以说，情感处理失当的问题，在很多企业中屡见不鲜。比如，员工的士气低落等。出现这样的问题，说明这个企业在整体上缺乏情绪智慧，因而，企业效率下降在所难免。现代企业中，有很多部门是实行绩效制的，员工的绩效与其情绪商数更有着诸多关联，因此，开发和提高员工的情绪管理能力十分有必要。

要提高员工的情商，首先要对员工的情绪状态有所了解。一般情况下，企业员工的情绪触点体现在以下几个方面：

其一，因为现实利益或价值关系引发企业和员工之间形成紧张和对抗的冲突。这往往会导致冲突双方的偏见产生，尤其会引发受损方的不满情绪。不论这种冲突发生在企业与员工之间，还是发生在企业领导层的人际关系之间，都会使企业人际关系中各种功能的正常发挥受到阻碍。

其二，员工对情感的惧怕心理。在企业中，管理者和员工对情感都会存在一丝恐惧心理。人们习惯了在工作场合将自己的情绪隐藏起来，习惯了抑制自己的情感。人们会产生这种恐惧心理，一个原因是认为情感是没有价值的东西，无须表露，是幼稚和原始的，所以要加以克制，要理性行事；另一个原因是人们往往把情感调控和认知表达相对立，以为情感调控就是将情感抑制和隐藏。

其三，员工压力和情绪的管理问题。一般情况下，企业的员工都存在压力过大的现象，如来自时间、经济、健康等方面的压力。而很多人对如何纾解压力并不清楚，所以需要学习和训练。如果任其长期发展，会导致身心健康的良好发展受到阻碍，从而影响工作效率。

其四，员工自身的情绪负面因素。其表现有以下几点：

A.不切实际的需求对员工情绪的影响。很多企业中，员工的满足感普遍偏低。员工的需要是多方面的，如生理需要、安全需要、自尊需要等。一旦这些期望无法得到满足时，员工往往就会出现各种情绪问题。

B.员工情绪受到领导的不良情绪影响。很多企业的管理者在员工面前喜怒无常，面对困难时坐立难安，这种领导意识不到他的情绪状态会对员工造成怎样的影响，而实际上，这些不良情绪对员工的思想行为会产生极大的不良影响。

C.自身素质对员工情绪的影响。员工的基本素质与情绪也有一定关系。思想素质高的人可以有效地调节自己的情绪。反之则不然。有些人与他人发生冲突时，会暴跳如雷，而在遇到困难时就灰心丧气，无法及时调整自己的消极情绪。

D.环境对员工情绪的影响。环境包括两个方面，一个是硬环境，比如工作场所的整洁与肮脏；另一个是软环境，包括人际关系是否和谐，员工的稳定性等。毋庸置疑，肮脏、混杂的工作环境会影响员工的情绪，企业在用人方面的不公平也会让员工产生负面情绪。

一般来说，企业影响员工情商提高的原因大抵如此。那么，企业应该如何解决员工的情绪问题，使他们能够积极热情地对待自己的工作，为企业创造出骄人的业绩呢？

其一，为员工创造和谐宽松的工作环境。

（1）企业环境对员工会产生很大影响，企业的办公场所应整洁舒适，企业中的人际关系要和谐，沟通无障碍，这样大家才能为了某项目标齐心努力。另外，整洁和谐的办公环境也更有利于人才的培养。

（2）为员工提供所需的信息和工具，帮助他取得需要的知识和技能。

（3）不给员工施加压力，让员工自觉地产生动力和活力。

（4）管理宽严相济，灵活处理，做到原则性和灵活性很好地结合，让员工心悦诚服，从而以更高的热情投入到工作中去。

（5）了解各个职位对人才的需求标准，以此为用人的依据。

其二，要对员工投入足够的感情，用真诚感动员工。

（1）能及时掌握员工动态，并对其优点进行赞扬，让他清楚自己的价值所在。

（2）对员工的成长与成功给予真心关注，不怕他能超越自己。对不适合在企业发展的员工，要敢于劝退。其实，这也对他的长远发展有利。

（3）帮助员工认识自我天赋和技能，让他们在所属领域发挥自己的优势，为他们提供担任新职务的机会。

（4）不仅要关心员工的工作，还要关心其生活，并尽力帮助员工解决生活中存在的问题以及思想困惑，对他们的困难和需求给予妥善安排，解决员工的后顾之忧。让他们带着感恩的心，用激情忘我的工作态度为企业创造更大的价值。

其三，实施公开公正的管理原则。

在管理企业时，不论是奖励处罚、矛盾处理、政策制定等，都要公开透明，不对任何人进行打击报复，也不偏袒任何员工。员工之间产生矛盾可以公开解决，这有助于打造和谐的人际关系氛围。

其四，定期召开会议，以加强各部门的协调和沟通，达成共识，良好的团队精神，也会让员工产生工作激情。

员工是否能以积极的热情投入到工作中去，为企业创造最大价值，往往取决于企业如何对待员工，如何能让他们的内心充满正能量，从而激发他们的思维活力，提升他们的情商。因而，企业管理者要注重从以上四个方面对员工进行心理上的关爱，以达到合作共赢的目的，为企业寻求长远发展。

5. 全程跟随式的管理团队情商

团队情商是由个人情商汇聚并形成合力。这种合力，只有当员工对团队具有信任感、认同感和团队效能感时才会体现出来。但是，一个团队常常最不愿意看到却又不得不面对的诸多现象是：团队将员工的待遇提高了，福利变好了，可是，该招的人才还是招不到，该留的人才还是走掉了；团队的纪律已经三令五申，还是会有员工不服从管理，依然我行我素；稍一转背，员工就会精神不振，特别懒慢；管理者成天忙忙碌碌，而员工却无所事事，没有一点工作激情……毫无疑问，这些现象都不是一时因果，其中所牵涉更多的还是员工个人情绪的问题。这就表明，管理员工情绪并不是打一场歼灭战，而是团队管理的一部分，贯穿于整个经营过程当中。所以，从用人的角度来说，从员工迈入团队大门的那一刻起，团队就应该将提升员工的情商纳入日常管理范畴。当然，对于员工不同的工作期，在具体做法上还是要采取不同的方式。

第一，用包容的心态管理试用期内的员工。

刚进入团队的员工，陌生感和新鲜感并存。通常情况下，源于对团队的陌生和不熟悉，新员工在工作上都是亦步亦趋，放不开手脚。这时候，他们的情绪呈现出来的就是不安，因而管理者就不能用老员工的标准去要求他们，应该用包容之心，允许他们有一个适应过程。在这个过程中，他们在工作上往往会手忙脚乱，甚至出现工作失误。这就更需要管理者用包容的心态，让他们减缓紧张感，从而为他们创造一个限时宽松的工作环境。

为让新员工早日融入新团队，最佳的方式就是通过非正式交流，了解新员工的各种心理诉求。之后，及时肯定其中值得肯定的部分，对于其中不稳定和不确定的因素，要以帮助其成长为目的加以引导，让这些不利因素尽快转化到有利因素上来。

很明显的是，新员工中出现的各种不稳定和不正确因素，都是因工作而起。如果在工作上得心应手，他们的情绪会非常稳定，心态非常端正，在行为上也就表现得非常积极，并且能感染和带动别人，让整个团队都处于一种充满活力的状态。这时候最佳的引导措施，就是对他们的工作施以援手，让他们尽快地适应工作、熟悉工作。这样，新员工的心就会很快安定下来，内心充满十足的自信和干劲。

当然，另一个因素也不容忽视，那就是人际关系。任何一个环境中，人与人相处久了，都会形成一些无形的交往法则。而新员工初来乍到，就难免会无形中违背或触犯这些法则，从而招致误解，甚至引起矛盾。这会直接导致他们情绪上的变化，从而影响团队工作。管理者可以通过培训等方式教导新员工以正确的心态来对待。

第二，用有效沟通的方式来管理稳定期内的员工。

随着对工作和业务的慢慢熟悉，新员工的试用期也就会随之结束，他的情绪和心态就会进入到一个平和期。这个时候，工作和业务流程对他们来说就成了千篇一律的重复。在这重复的过程中，心理学上的“疲劳”心理就会左右人的行为，让人对工作不再有先前的激情，对工作和业务也感到没劲，甚至对前途感到迷茫。这既是一种惰性思想，更是一种消极情绪。它发酵的作用极强，会由点到面，让整个团队陷入一种倦怠的状态。

针对这种情况，国外成功的经验是，采取措施提升员工对企业的认同感。著名学者拉马拉杰指出：“在员工加入公司的那一刻起，他们便开始寻求与组织之间的认同感。当员工越是被视作群体中的一员而受到尊重时，他们便越容易产生这种认同感。受到尊重是使员工能安心工作，并且热爱自己事业的一种途径。相反，如果员工发现身边的同事得不到别人的尊重，他们便会形成公司‘不善待员工’的共识。”

通过对这种心理的了解和国外的做法可以知道，员工出现“疲劳”心理，并不表明员工想放弃工作或者厌倦工作，这是一种情绪化的现象。对员工的尊重，并不是口头上的说辞，也不是无谓的迁就，而是以有效的方式表示对员工工作上的指导和生活上的关心。

卡耐基在事业如日中天的时候，遇上了这样一件事：一位一向工作勤勉的老员工近来经常失误，给企业带来损失的同时，还对企业表示不满。为此，人事部门作出了开除这位员工的决定。要卡耐基签字时，他决定面见一下这位老员工。见面后，老员工还是牢骚满腹，但卡耐基却耐下性子听出了些原委。原来，老员工一心扑在工作上，想让两个渐渐长大的孩子接受较好的教育。可是，附近不但没有好的学校，也没有让孩子安心学习的好环境。他想搬家到好一点的环境，又舍不得丢下手头的工作。为此，老员工心情很乱，甚至出现怨世的念头。得知原委后，卡耐基同老员工进行了沟通交流。最终，他作出的决定是，不再开除老员工，但对他违反公司制度的情节，要严格按制度对他进行处罚。与此同时，他在老员工家所在的那一带捐建了一座图书馆，让他的孩子们有了学习知识的好环境。卡耐基的做法，让老员工十分钦佩，他的情绪和心态也因此很快恢复如初，工作上更加尽心尽力。

卡耐基的做法表明，员工出现问题时宜导不宜堵。当员工因工作或个人原因出现不同看法或有意见需要表达时，管理者要理性对待。既不要无动于衷，也不要小题大做。只要这些诉求有可能影响团队或带坏其他员工，就必须坚决、及时地处理。处理时，特别要注意方式，必须融入尊重的成分，而且要严格做到注重事实，积极主动，不轻易断言，不妄下结论。这样可以帮助闹意见的员工纠正偏激思想，学会察别真相，从而早日恢复工作热情。

另外，要通过营造学习氛围的方式，让员工在工作过程中受到培养，取得进步，这样可以提高员工工作的自主性和热情。

第三，用疏导的方式来管理处于离职潜伏期的员工。

当一个员工对工作出现低落、烦躁甚至抵触的情绪时，他的心理就进入了离职潜伏期。对于这样的员工，应该给予必要的关注，正确疏导他的不良情绪。同时，不能让他的情绪影响周围的员工。员工出现离职潜伏期的情绪表现，除员工自身的一些原因外，通常多与团队的经营状况或经营行为密切相关。所以，对于这样的表现，管理者不能麻痹大意，首先要考虑的就是此类员工可能对团队整体产生的影响。如果通过关注、关心、帮助等方式都无法使他的情绪有所改变，管理者就要作出辞退的决定了。

第四，用坦诚的方式来管理递交辞呈的员工。

对于主动递交辞呈的员工，管理者应以一种坦诚的心态去面对。通过坦诚交流，可以得知员工辞职的真正原因，并能发现和获取影响团队的不利因素。这些信息，对于弥补以往工作中的过失，保持团队整体精神状态在受控范围内，都是一种不可多得的资源。

通过这种全程式的管理，不仅可以帮助员工取得良好的工作成绩，还可形成开心工作、提升情商的良性循环，从而让团队获得平稳发展。

6. 从制度安排上打造团队情商

带领一个团队，就好比参加龙舟竞赛。只有所有人都齐心协力，朝着同一个目标奋力划桨，才能形成最大的合力，最终超越他人，到达终点。在这个过程中，如果有一个人心不在焉，就会让其他成员的所有努力化为灰烬。而事实也一再表明，最优秀的人走到一起，并不一定能取得最优秀的成绩。只有当这些人合成一股绳，才会产出这种成效。也就是说，当一个团队具有各种优势资源时，接下来所要做的就是让团队具有合力，不让其中出现不和谐的声音，即打造团队情商。

现代行为心理学研究表明，人的情商受大脑边缘系统控制，要想打造并提升情商，只有靠实践中的反复练习才能取得好的效果。对一个团队来说，可以从以下几个方面做起。

第一，制定目标，让团队形成共识。

目标，既是团队行动的目的地，也是团队行动的方向。目标一旦制定出来，通常的做法就是分解，层层落实（落实到团队中的每一位员工）。但在现实中，并不是每个团队都能做到让全体成员在目标上达成共识。这种情形，在团队处于顺境的时候，好像显得无关紧要。但是，一旦团队陷入逆境之中，各种不利的情形就会随即出现。这也是那些看似坚不可摧的团队，一旦逆境来袭就轰然坍塌的根源。因为团队所制定出的目标，并没有在全体成员中形成共识，从而让人在认知上形成了差异。逆境到来时，一些人就会因为对目标没有认同感，让自己的情绪变得消极起来，终至移情别恋。有这样一个故事：

有人经过一个工地时，问了三个建筑工人同一个问题："你们正在干什么？"第一个人回答说："赚钱养家糊口。"第二个人回答说："我在提升自己的动手能力。”第三个人回答说：“我在建最美的高楼。”

这三个工人的回答其实给出的是三个工作目标：前两个工人的回答，都是从自身的利益出发，只有第三个工人的回答是从团队的角度作出的，是针对团队目标作出的回答。也就是说，只有第三个工人才与团队的目标达成了共识。那么，当团队陷入逆境时，只有他不会对团队产生离心力。

第二，让团队形成共同的价值取向。

价值取向，指的是在处理各种矛盾、冲突或关系时，当事人所持的价值态度、立场。作为团队来说，不同的人走到一起，每个人的兴趣爱好各不相同，对事物的认知思维也各不相同。在这些方面，如果不能形成共同的价值观，往往就会出现各自为政的情形，从而松散团队组织，涣散人心。比方说，团队在用人方面，如果不是量才起用，而是任人唯亲，就会让那些有才能的人感到委屈，这样他们的消极情绪就会不请自来。这种情绪如果得不到及时的安抚，团队战斗力下降的同时，所取得的成效也要大打折扣。如此一来，团队的发展就进入了恶性循环：一方面团队不能取得工作实效；另一方面团队成员的不稳定性快速加剧，到头来只能是分崩离析。又比方说，团队在资源分配方面，大搞山头主义，小团体意识严重。这时，小团体间就会出现各自为战的内斗情形，堡垒都是最先从内部被攻破的，如果任由内斗蔓延，到头来等待团队的只能是消亡。

第三，给团队每个员工制定清晰的工作流程。

每一个环境和场景的转变，往往都要求针对它的行事方式也必须有所改变。工作流程指的是工作事务的处理顺序。工作流程清晰，既能节省处理事务的时间，还能让人因为处理事务呈现出高效性而产生成就感。这种成就感所起的是一种激励的作用，能让人增加对团队的认同感。同时，还能让人在所办事务中时刻受积极情绪支配，从而实现工作效率的最大化。

细节决定成败，将工作流程清晰化，实际上就是减少内耗，让人清楚自己每一步该怎么走，从而减少盲目性。比方说，办公用品发放，是每个团队日常事务中最频繁的动作。如果没有清晰的工作流程，员工就会一窝蜂地围着主管索要。长期下来，就会让办公用品的开支成为无底洞。并且，还会出现主管以自己的主观意志、个人私情来决定发放的情形。这样就人为制造出了不公平的事实。一旦处理不当，就会让员工的消极情绪弥漫扩散，从而削弱团队战斗力。

第四，制定出明确的行为和处事规范、标准。

团队运转的实质就是合作。怎么合作？最佳的方式就是给团队中的成员进行明确分工，大家各司其职，各尽其责。要做到这些，就必须对团队的员工有个较细致的了解。比方说，当团队下达工作任务时，如果合作者是一个性格、脾气较为暴躁的员工和一个做事沉稳、慢条斯理的员工，那么，他们之间一旦协作不好就会产生分歧。脾气暴躁的员工可能会直奔目标一竿子插到底，其中的弊端是，他可能只顾及了速度而忽略了质量。而慢性子的员工虽然能在一定程度上把握住质量，却忽略了时效性，从而贻误时机。这样一来，他们的情绪出现波动势必在所难免，从绩效上来看，这给团队带来的是隐形的损失。如果团队的领导能够对团队和员工都有清晰的体察认知，从而制定出明确的（在一定情形下是有针对性的）行为和处事规范、标准，那么不仅能做到人尽其用，还能取得一加一大于二的效果。

团队主管如果能让急性子员工和慢性子员工的行为和处事方式维系在一个合理的度上，他们之间就能形成有效的合作，不仅不会出现个人之间的工作分歧、矛盾甚至摩擦，还能让他们的工作绩效大幅度提高，更能由点及面地提升团队的整体绩效。

当每个员工都能各就其位，各得其所时，团队所取得的不仅是绩效上的事半功倍，还能于情商上让团队员工取得步调一致的提升，这样，团队情商自然也会得以大幅度提升。

另外，加强对员工生活上的关心和事业上的关怀，都能让员工在认同团队的共同心理支配下，打造出团队的高情商。当然，对一个团队来说，处于最关键环节的是团队领导。如果团队领导具有非凡的人格魅力，心态积极，懂得关心员工，那么，在他的带动和影响下，其他管理者就能帮助员工提升情商，从而打造出一个高情商的团队。

附：团队情商训练题

以下是团队情商训练题，可以测试一个团队的情商程度，团队管理者可针对自己的团队进行测试。

1.给员工培训时，员工们的表现是怎样的？

A.看上去，全都在安心地听主管训导。B.有个别思想开小差的员工，经主管教育，很快改正。C.员工很认真，积极配合培训主管的要求。D.员工普遍态度冷淡，神情麻木。

2.在动员大会上，员工们的表现是怎样的？

A.会场很安静，员工们都在听。B.有个别员工注意力不集中，但不会对会议产生什么影响。C.领导在台上每讲到精彩处，总能赢得热烈的掌声。D.员工们大都呈现出闭目养神之状。

3.准备招入新人来壮大团队，老员工的表现是怎样的？

A.相互交谈，希望自己的部门有新人进来。B.有些员工对此大为不满，认为新人会挤占他们的位置。C.员工们通过各种方式向他们的亲朋发送消息，希望他们能够前来参加面试。D.员工反应普遍冷漠。

4.一个平时十分受人敬重的部门主管，在大家都不知情的情况下突然被辞退。员工们知道后的表现是怎样的？

A.都替该主管感到惋惜。B.一些人开始替该主管打抱不平。C.都对照着反省自身，珍惜工作。D.花开花谢都自然，随它去吧。

5.有个别员工违反纪律受到了领导批评。这时，其他员工的表现是怎样的？

A.认为违反纪律应该受到批评。B.认为领导多事，小题大做。C.主动检讨自身，保证今后严格遵守纪律。D.无所谓，领导怎样处理都与自己无关。

6.团队老是从外面招入新人来担任部门主管，基本上不考虑从内部提拔老员工。这时，老员工的表现是怎样的？

A.认为团队领导站得高，自有他的用人之道。B.认为领导是喜新厌旧。C.调整心态，做好向新人学习的准备。D.反正这种事也轮不到自己，领导怎样都无所谓。

7.与竞争对手发生纠纷时，员工们的表现是怎样的？

A.群情激愤，发誓绝不让自己一方吃亏。B.有些人发出幸灾乐祸的吵嚷声。C.全都集结于领导身边，听从领导指挥。D.不管发生什么事，始终抱着袖手旁观的心态。

8.公司需要到一个环境艰苦的偏远地区设立办事处，准备以自荐的方式来落实人选。这时，员工们的表现是怎样的？

A.我虽不报名，但如果安排我去的话，我也不会拒绝的。B.这么个苦差事，还是远离最好。C.到艰苦的地方锻炼一下，是非常有必要的。赶紧报名参加。D.那么个苦地方，打死我也不去。大不了，不在这里干了。

9.一场突如其来的大火，几乎将团队基地烧成灰烬。这时，员工们的表现是怎样的？

A.十分难过，脸上都有悲戚的表情。B.都叫苦不迭，不知该如何是好。C.围拢在领导周围，听候他的安排。D.树倒猢狲散，各自去寻各自的出路。

10.团队创造了前所未有的佳绩，员工们的表现是怎样的？

A.喜气洋洋。B.相互评比着自己的贡献，对受表彰的同事超乎寻常的热心。C.总结成果，感受喜悦。D.反应较淡，认为有什么好处也不会落到自己头上。

11.员工们普遍认为，检验团队是否优秀的标准是什么？

A.团队的市场占有率是否提高。B.团队的工作目标是否合理。C.团队的产品或服务是否到位。D.团队的结构是否有效。

12.每颁布一项新制度，都是以怎样的形式通过？

A.谁说了都不算，由最高领导说了算。B.领导秘书起草后，直接交由领导拍板。C.领导认为有什么不妥之处，立即撤回重新颁布。D.充分酝酿，广泛讨论，形成共识后再颁布实施。

13.员工工作上出现了失误，管理者通常的做法是什么？

A.严厉批评，调离岗位。B.召开大会，责令做出检讨。C.只要他对批评或安排有抵触情绪，当即辞退。D.帮助该员工分析失误之处，及时吸取教训，以提高他的工作水平和能力。

14.团队的效益出现严重滑坡时，针对员工通常采取的是怎样的措施？

A.发出告示，安抚员工。B.做好裁员的准备。C.发出严重警告，要求员工务必在非常时期严格遵守纪律。D.继续派员工走出去了解相关行情。

15.在庆新年的晚会上，员工们通常会营造出什么样的气氛？

A.当作一项任务走过场。B.有着明显的强颜欢笑的意味。C.对外来人员的助兴表演感到极其热心。D.全都露出了自我陶醉的开心表情。

16.一地发生大灾难后，领导发出了赈灾的号召。针对领导的号召，所取得的效果是怎样的？

A.只有少数几个人当场响应号召。B.员工对领导投以敌视的目光。C.员工们都跑到社会救助点捐款捐物。D.员工们立即积极响应，慷慨解囊。

17.团队到异地旅游，突然发现有自己团队的户外广告，他们通常的表情是什么样的？

A.摇着头叹道："烧钱烧得这么远，一点反响也没有。"B.不屑一顾地骂道："尽是吃饱了撑的，家门口都还没站稳，居然把脚伸到天边了。"C.满脸惊讶地说道："谁这么没头脑！这荒山野岭的，能有几个顾客看到。"D.一脸惊喜地赞道："我们的事业如此远播，我骄傲，我自豪！"

参考答案及计分评估。

本测试计分共分两个部分。

第一部分1～10题：选A得3分，选C得10分，选B、D得0分。

第二部分11～17题：选D得10分，选A、B、C得0分。

将以上两部分的得分相加，就是总得分。最高分为170分。得分在130分以下，表明团队的情商处于较低水平。这样的团队，抗变、抗压、抗逆境的能力较低，可以说处于松散状态。绝不能对此掉以轻心，必须采取切实的措施来形成团队合力。得分在130～160分之间，表明团队情商适中。这种情形，要特别防止原地踏步，以致情商因长久得不到提升而产生惰性，从而影响团队实力的提升。

第十章

情商思维：一定要用情商思维处理问题

怎样用情商思维来分析问题

怎样用情商思维来解决问题

怎样把道德元素融入情商思维之中

提升情商思维能力的有效方式

怎样调整自己的行为习惯

情商思维，是一种从他人角度反观自身的理性思维，它能让自己的思维始终处于可控的情绪范围内，尽量避免消极情绪产生。运用情商思维来分析问题，既能学习到他人的长处，知道怎样来弥补自身的不足，还能赢得他人的尊重。运用情商思维来处理问题，则能减少人际摩擦，实现合作共赢。

从社会的角度来看，情商思维不仅体现在人际关系处理层面，还在于它的社会影响力方面。把道德元素融进人的情商思维之中时，又可以在实现人际关系融洽的同时，实现社会关系的和谐。

所以，作为社会人，就不应该仅仅从个人的私心出发，为实现个人的私利而置社会的良知于不顾，应该担起必要的社会责任，将自己的思想境界升华，将良好的品德融入情商思维中。只有这样，才能有效地提升整个社会的良好风气，让人不再成为受私心和利益驱动的利己者。因而，用情商思维来处理问题，是社会发展中人性共同的需求，而升华情商思维，是人类社会进步的必要条件。

1. 怎样用情商思维来分析问题

当今社会，无时无刻不在变化，社会发展中，唯一不变的法则就是变。在多变的现实面前，如果不及时跟进思路、认识以及处世态度，就会被他人甩出一大截。要想跟上时代变化的脉搏，甚至凡事都先人一步，首先就得改变自己固有的思维模式。如果学会运用情商思维来分析各种问题，就会在社会交往、人际关系构建等诸多社会事务中，凡事逢源，为自己的事业成功赢得诸多先机。

情商思维，是一种从他人角度反观自身的理性思维，它让自己的思维始终处于可控的情绪范围内，尽量避免消极情绪产生。运用情商思维来分析问题，既能学习到他人的长处，知道怎样来弥补自身的不足，还能赢得他人的尊重。要做到这一点，可从以下几个方面做起。

第一，要知道自己所处的大环境和小环境分别是什么。

大环境是一个范围很大的空间概念，通常指包括社会风气、风土人情、经济水平等因素在内的社会环境和集体环境。以当今社会为例，尽管社会上还存在一些局部的冲突和战争，但总体来说，社会发展已进入一个和平与发展的时期。这个时期的人们，眼光更多落在物质享受和精神需求两个方面。当然，相对自身的生存空间和事业范围来说，这个概念还可缩小，小到一个城镇或社区。

小环境通常指的是自身所接触到或涉及的范围，包括家庭环境和朋友圈子的环境。如亲朋关系、自身的影响力和日常人际交往的氛围等。

弄清楚自己所处的大环境和小环境，能够培养起自己的宏观战略眼光，这样看问题就会更深入、全面，从而能把握全局，不会让自己成为追逐泡沫的人。

第二，要明晓别人的长处在哪里。

尺有所短，寸有所长。三人行，必有吾师。把合适的人用在合适的地方，才能有效发挥集聚的效应，起到事半功倍的效果。

一个农夫每次从河边挑水回家，都只能得到一桶水——两只木桶中，有一只完好无损，另一只却裂开了一条缝。所以，他每次挑满一担水回家时，有裂缝的桶里的水都会漏完。可他就是不修桶，任其漏水。为什么农夫要这样做呢？原来农夫在挑水回家的路一侧撒满了花籽。每次，他挑水路过时，就将漏桶当作花洒，给这些花籽浇水。

这说明，金无足赤，人无完人。人都是集优点与缺点于一身的共同体。如果把眼光只落在那些缺点上，不仅会让自己的气量变得越来越狭窄，还对解决问题于事无补。反之，如果把眼光落在别人的长处上，不仅能赢得他人的敬重，还能凝聚人心，为成就自己的事业增加力量。

第三，要明白自己的行为对他人的影响。

在人际交往中，经常发生这样的情形：一些亲密无间的伙伴，突然间就反目成仇。这种情形的实质，更多都是人在思维中将事实与个人的想象、愿望混为一谈，并且始终没有明确的观点、坚定的立场，一切都从自己的私心出发。这样的人，注定会成为社交场合中的失败者。这样的行事方式，效率非常低，可谓成事不足，败事有余。

相对于他人来说，在处理自己的行为时，要遵循“不给他人添麻烦”的行事原则。意大利著名哲学家说过这样的话：“应该重视你在街上的行动。一个国家的国民教育程度，最能从他们的行为举止中体现。你在街上的表现，说明了你的教养。”这句话是针对公共关系场所提出来的。实际上，在与人相处时，这句话同样可作为个人行为的鉴定语。自己在别人眼里是什么形象，不在于你怎么讨好别人，而在于怎么用实际行动证明自己。有人去一个法国家庭做客，发现孩子的琴房消音措施做得相当到位，没有一点声音外泄。孩子的父母骄傲地告诉客人，他们终于找到了特殊的隔音措施。这样，孩子可以尽情地弹琴，外人也不会受到影响。

所以，明白自己的行为对他人的影响，并积极做到消除负面影响，既是一种高素养的表现，也是在人际中提升自己的有效方式。这种处世方式所运用到的，就是典型的情商思维。

第四，明白别人的行为对自己的影响。

对照上面的思路，明白别人的行为对自己的影响，指的就是不让别人给自己添麻烦，它们是一个问题的两个方面。即使是在一个社会素质普遍较高的国家，不让别人麻烦到自己，也是人们的一种正常心理。但要明确的是，不让别人给自己添麻烦，侧重点在于不去自惹麻烦，无事生非。当别人有困难或遭受灾难时，就不应该出于回避麻烦的心理而袖手旁观。所以，要从情感和道义上正确区别麻烦的性质。

汤姆每次回家都习惯把车停在离家不远处的街角一侧。那儿，常年守着一位乞丐。对此，汤姆显得非常有同情心。每次回家，他都会特意送上几个硬币。有一天，汤姆再次到街角一侧停车时，突然间冒出四五名像乞丐一样的人围住他，向他伸出乞讨的手。而与以往的那个老乞丐不同，这些人的眼里都射出了贪婪之光，甚至还显现出杀气。当他准备像往常那样决定多送上几个硬币时，乞丐们都缩回了手，显出了拼命的架势，让人很快将他们与强盗联系在了一起。对此，汤姆既没让自己脸上现出怒意，也没像一些人那样充满惊恐地大喊大叫，而是保持高度冷静，并尽量用平静、和悦的语言来打动对方。终于，在他的冷静面前，双方有了交流。汤姆得知，由于自己工作疏漏，新办的化工厂排放设施不完善，排出的污水导致附近的这些人庄稼减产。他们多次提出交涉，但因为自己分身在外，没能及时处理，故而他们准备采取过激行为冲自己"讨说法"。得知真相后，汤姆主动承担起农户们的损失，同时，立即更添治污设备。他的这一举措，既迅速平息了事端，又消除了工作中的漏洞，还为自身赢得了极高的声誉。

当然，别人的行为对自身带来的积极影响也有必要及时知晓。这种行为，实质上就如是一种变相的合作，能取得合作共赢的效果。

运用情商思维来分析问题，就是在问题发生时提前预知问题的扩散性、负面性和影响性。当然，有些问题很简单，人们一眼就能看出利弊，这时，要理智地寻找到一个适合自己的解决办法，不让冲动、愤怒等消极情绪驾驭自己。这种思维，能够让自己在处理纠纷、解决矛盾时，留有充足的回旋余地，还可以在解决分歧、化解纷争的过程中，争取到更多有效的支持。这些都能让人做到尽可能地维护自身的权益，在各种社会活动中，始终处于不孤立，有作为，受人敬重的地位。

情商构成要素			
情商是指有效管理自我及处理人际关系的能力，它由四种基本素质构成：自我意识、自我管理、社会意识和社交技能，每种素质又由一系列具体的技能组成。			
自我意识	自我管理	社会意识	社交技能
情感的自我意识：觉察与理解自己的情感并认识到它们对工作绩效、人际关系产生影响。	自我控制：能控制破坏性情感与冲动。 可信赖性：一贯表现出诚实与正直。 尽职：管理自己，恪尽职守及职责。	移情能力：能察觉他人情感，理解他人的观点并关心他人的利益。	远见：能用远景目标激励他人。 影响力：熟练使用说服技巧。 培养他人：不断给他人提供反馈与指导，支持他们进步。 沟通：聆听他人，传递明确、可信、恰当的信息。
准确的自我评价：客观评价自己的优势与不足。	适应能力：适应环境变化，能克服困难。	组织意识：能洞察组织动态，建立决策网络并驾驭内部权利争斗。	变革催化剂：擅长实施新思想、领导他人朝着新方向前进。 冲突管理：能减少争执以及协调不同解决方案。
自信：对自身价值极强的正面认识。	成就导向：具有追求卓越的内驱力。 主动性：时刻准备抓住机遇。	服务意识：了解和满足客户需求。	建立纽带：娴熟地建立与维护关系网。 团队协作：能促进合作并建立团队。

图10-1-1 情商的构成要素

2. 怎样用情商思维来解决问题

现代社会的各行各业，每天都要面对各种挑战。挑战，往往就意味着生存与毁灭，所以，不论行业还是个人，如果不及时调整思路，改变策略，就会随时陷入被动挨打的局面，而且稍不留神就会成为时代的淘汰品。那么，该怎样改变自己以适应时代发展趋势呢？世界著名的咨询公司——麦肯锡公司在这方面先人一步，提出了用情商思维来解决问题的理念。下面，就将他们的这一理念作个大致介绍。

第一，用零基准来思考事物，拆掉所有框架。

基准，是机械制造中的一个概念，它的定义是："用来确定生产对象上几何关系所依据的点、线或面。"比方说，生活中用到的丈量单位"米"，它的标准就是从国际米原器而来。国际米原器规定，1米就是国际米原器在0摄氏度时两端的两条刻线间的距离，这个"1米"，就是国际长度的基准。所谓"零基准"，就是取消一切基准，一切从零开始。具体到管理学上的企业来说，就是打破企业的条条框框，改变现有的思维模式来解决问题。

通常情况下，企业内的各种规章制度，对于常规性的问题，都有明确的规定，即具体解决的程序和方法。但是，对于那些非常规的问题，如果套用常规思维，就会显得僵化，甚至不通情理。

达荷公司位于洛杉矶，主要制造高端类儿童玩具产品，它的销售市场主要在欧洲。一天，欧洲的客户来公司考察，随行的还有他们的家属。这是一个数量相对庞大的客户群，为招待他们，达荷公司几乎动员了所有的力量。除接待招待外，还安排员工及其家属陪客人们观光旅游。最终，客户玩得非常尽兴，离去时，签下了超出往年一年的订单。

达荷公司之所以能让客户满意、让自己受益，就在于他们敢于打破常规，用零基准来解决非常规问题。按照达荷公司的制度，客户来参观是客户自己的事，他们的一切公共活动都与达荷公司无关。如果公司依旧用这个标准来对待欧洲客户及其家属，就争取不到客户订单，不利于企业获益及发展。

第二，运用逻辑来思考问题，层层拆解，追根究底，理清问题与解答的因果关系。

世上的事，包括矛盾和问题，都有一个前因后果。如果将这些前因后果理清弄明，就能减少解决问题的阻力，少走弯路，为自身的生存与发展赢得时间，争取主动。这其中所用到的就是逻辑思维。

当问题出现，在运用逻辑思维进行层层拆解时，对每一层都要提问："是什么样的问题？""为什么会出现这个问题？"这时，可将逻辑思维分为两个结构类型："并列型"和"解说型"。并列型把问题建立在证据上，所遵循的横向原则是："同一层必须无重复、遗漏和离题，且符合MECE（分类学上完全穷尽，相互独立的原则）。"纵向原则是："上一层是下一层的概括，下一层是上一层的说明。"解说型把问题建立在事实上，在思维上的纵向原则上与并列型相同，横向原则是："事实、基准和结果间存在因果关系。"比如说，针对生产班组不能完成生产任务的问题，用逻辑思维来处理就会有非常明晰的效果。

如果用并列型的思维模式，可以列出车间每个班组已经完成的工作量和急需完成的任务，再将这些工作量层层分解，最终落实到每一个操作工身上。这样，已完成的工作量和未完成的任务在每一层上都避免了重复、遗漏。而在这些分解的基础上，就能得出人的加工能力和机器的加工能力，从而排除干扰，找出问题的症结所在。

第三，运用议题来思考事物，遇到问题时先不急着寻找答案，而是用假说将简单的提问转化为有意义的议题。

麦肯锡公司研究后指出，好议题具有三要素：一是属于本质性的议题：一旦找出答案，就会对其后讨论的方向性具有重大的影响性；二是具有深入的假说：具有颠覆常识的洞察，或以新的结构来解释面临的问题；三是找到答案的概率高：现阶段，以自己的能力、技术和资源等能够找出答案，是个大概率事件。

议题思考，就是寻找本质问题的过程。值得找出答案，能提出解答，才是真正有意义的问题。在遇到问题时，先不要急着找出答案，而是要判断问题本身。比如说，遇到执行力有问题，先要判断出执行力只是一种症状，而不是一种症结，然后再寻找导致执行力不足的症结。确立议题可以遵照以下五种方法：

（1）删减变量。将复杂问题简单化，通过缩小范围来有针对性地提供对策。

（2）可视化。通过图示的方法帮助人们快速理解所要表达的内容。

（3）从最终情形倒推，即运用逆向思维倒推。

（4）反复问“那又怎么样”能够帮助人们更深入地思考，查明议题。

（5）思考极端的实例，从而发现变动的关键要素。

第四，假设思考，根据事实快速假设，犯错快改，不要最后一刻提出错误解答。

假设思考就是先建立假说，再用假说将简单的提问转化为有意义的思考。在做假说时，首先要明确自己的立场是什么。然后再在这个前提下，确定“议题是什么”，这也就确定了解决问题的思路：针对议题找答案。比如说，针对车间不能完成生产任务，确立议题是：工人欠缺哪些操作技能？针对这个议题找答案，就能解决生产能力不足的问题。

议题确定后，就会步入收集信息的阶段。对于议题的信息收集，麦肯锡公司给出了三个技巧：一是接触一手信息。一手信息是通过亲身接触获得的信息，基本上都是经过人们过滤后所获得的信息。这些信息往往让人看不到信息产生和传递的过程，通常会让人在处理或应用这些信息时作出错误的判断，以致作出错误的指令。只有亲身经历过，才能做出有针对性的方案。二是掌握基本信息，要做到将常识和信息加以整合。比如，按照MECE原则列出问题涉及的所有相关方。其中，需要确定的是数字、问题意识和架构等。三是信息收集时，要处理好付出的精力、时间和所获得信息量的比例关系。收集信息的目的是吸收这些信息来为自己服务，一旦处理不好付出与所得的合理关系，就会物极必反。另外，个人再怎么努力，都做不到尽善尽美的地步，所以，还应该虚心接受指教。

在获得信息的基础上，提出假设。比如说，在谈到车间不能完成生产任务时，针对工人欠缺哪些操作技能这个议题，可以提出这样的假设：工人技能不足，是否可以通过更换先进生产设备来解决？提出这个假设后，再结合企业的实际情况来证明这个假设。

在证明假设，得出结论时，要做到分析解决方案明确化。当解决方案有了资料和证据的支撑，也就能成为最终的解决方案。

这就是麦肯锡公司运用情商思维来指导工作的理论模式。这种模式，将人的情商思维融于具体的事务当中，实际上就是为了有效解决企业管理中出现的各种人的问题，是处理人的问题的境界提升，能有效降低人力消耗，减少人际纠纷，从而提升凝聚力，促进企业的发展和壮大。

3. 怎样把道德元素融入情商思维之中

从人的自私性来看，情商高的人，实际上都是利己活动中的成功者。成功者的成功之处在于，不给他人制造带来消极情绪的行为，同时以这种方式来回馈自己，从而让自己处于一个有利或主动的位置，不受人际关系的羁绊。这种行为的性质是，利己不损人。当然，人活着有追求的同时还得有思想境界，而不是一味地受利己驱动。这时，就应当升华和调整情商思维，使自己做到利人不损己。这是人的思想境界的宝贵提升，要做到这一步，就必须把道德元素融进思维中。

就好比良性互动，利人不损己看似以满足他人利益为动机，实质上恰恰是利己。这是因为，人性中都有一种感恩的情愫，当一个人无偿得到他人的赏识、帮助或馈赠时，他会在自己有能力或条件许可时，反馈对方以赏识、帮助或馈赠。并且，这样的行为，即使一时得不到反馈，也能赢得身边人的尊重，从而提升自己的形象，助推自己事业的发展。能正确认识到这一点的人，其情商自然比其他人高出一个层次。所以，将利人不损己这种道德元素融进情商思维中，实际是为自己打造类似于商界合作共赢性质的十分高明的实现利己目的的生活局面。它既是一种高超的生活技巧，更是一种高尚的人生境界。其中，可将利人不损己的道德元素分解为四个方面，以各自的方式构成情商思维的组成部分，于实践中发挥应有的作用。

第一，于情商思维中融入同情的成分。

同情指的是针对他人的本体或行为而产生的怜悯、支持类的心理。卡耐基曾说过这样的话："你明天要遇见的人，有四分之三为了同情而饥渴。给他们同情，他们就喜欢你。如果你拥有某种权力，那不算什么；

如果你拥有一颗富于同情的心，那你就会获得许多权力所无法获得的人心。”诚如卡耐基所言，同情心能让人得道多助，俘获人心。这实质上是一种高情商行为所得到的回报。同情心实际上是从利己角度散发出的一种美德。世上之人，谁都可能遭遇困难、不幸，而这其间的痛苦感受落在谁的头上，都会让人无法承受。如果这时旁边的人偏偏幸灾乐祸，甚至落井下石，这种痛苦感受还会加剧。而具有同情心的人，自然不会这么做。同情心实际上是上升到人性关怀的角度来支持或帮助承受痛苦者。

美国总统林肯在先前担任律师时，接手过这样一个案子：一位商人状告一位妇女欠债不还。案件证据确凿，商人胜券在握。可是，当林肯见到那位妇女后，立马改变了主意。他反过来劝说商人道：“不错，我能帮你打赢官司。但是，你有没有想过，打赢官司后，这位妇女要怎么过生活呢？”原来，这位妇女是一位寡妇，她要抚养四五个孩子，而她的生活本已十分困难，如果偿付了商人的债务，那她会连最基本的生活都难以保障。为此，林肯进一步劝商人道：“这笔债务对你来说根本不算什么，但对对方来说，能够致命。债是赖不掉的，我劝你放弃与她打官司。”林肯以他的同情心打动了商人，放弃了起诉。

林肯并没有从法律的角度考虑问题，而是站在道德的立场，让同情心占据上风，从而成功制止了一起人为制造的潜在的“人间悲剧”。将同情心化作行动，就是好心。而要想以同情心取得好的回报，还得注重方式和方法。否则，就会出现好心的农夫被蛇咬的情形。

采取正确的方式和方法行事，是情商思维的行事要求，而这其中少不了同情心。

第二，于情商思维中植入助人为乐的思想。

有时候帮助别人就是帮助自己，为什么这么说呢？美国纽约州立大学斯蒂芬·普斯特教授在他的作品《好人为什么会有好报》中给出了这样一些研究结果。美国加州伯克利大学从20世纪20 年代开始，跟踪了近200

人，观察他们从刚出生直到现在的生活。研究发现：乐于助人的孩子走上社会后，会比别人赚更多的钱，获得的社会地位也更高；他们的家庭关系更和谐；他们的生活习惯更好；他们在社会上更具有竞争力。因为帮助别人，提高了他们的情商，让他们收获了更多的自信。

生理学家指出，帮助别人时，人脑中会产生大量的多巴胺，多巴胺负责传递开心和兴奋感，会让人产生快乐的感觉。再以这种快乐去助人，人就会变得更活跃，更积极，更敢于迎接挑战，从而释放出更多的爱和积极情绪。

所以，在情商思维中植入助人为乐的思想，既能提升情商，还能让人获得长足的发展。可以说，这是实现人生良性互动的极佳方法。

第三，于情商思维中树立反歧视原则。

歧视指的就是不平等地看待，是一种深度的偏见。在现实中，它表现在生活的各个方面。比如说，工资歧视、就业歧视、职业歧视、种族歧视、疾病歧视、年龄歧视等。从被歧视者的角度来看，他所遭受的就是人格尊严被侵犯。相比歧视者来说，他们都是弱者。生物界存在着一种生存法则，弱肉强食。但是，人类之所以从其他种群和生物中脱颖而出，就在于人类的心性中，有一种悲悯他人的情怀。这种情怀，能让人超脱生存法则，构建一种具有和平共处的新法则。所以，一个人要想成为一个超脱生物意义上的人，首先就得具有人的悲悯情怀，而体现出来就是对于弱小者，对于陷入困境者，坚决地摒弃歧视的思想。

歧视，是阻碍社会公平的一个思想毒瘤，是野蛮社会的后遗症。一个人处于强势地位时，如果他把这种强势建立在践踏他人人格尊严之上，那么，他实际上也是在践踏自己的人格尊严，这样的人定然不会获得他人的尊重。

第四，于情商思维中长驻诚信的处世观。

诚信，可理解为一个人在社会交往中诚实地待人接物和恪守信用的一种做人准则。大到国家制度，小到个人之间的口头承诺，究其实质，都是建立在诚信的基础上进行运转的。诚信，是构成社会生存法则的基石，是人与人之间形成良性互动的基本道德规范。一个和谐的社会，最基本的体现就是该社会中处处都有诚信可保证。

从做人的角度来说，诚信，是高情商的一种外在行为特征。它既能融洽人际关系，还能助推事业发展，让事业保持着积极进取的强大生命力。

同情、助人为乐、反歧视和诚信，一旦融进人的情商思维中，就会帮助人们形成一种强大的人格魅力，让人不惧困难，斗志昂扬，在社会生活中，在事业发展中，永远把别人甩在身后，成为成功的模板。

4. 提升情商思维能力的有效方式

在生活中，尤其是与人相处时，经常会发生这样的情形：因为与别人的观点不同，或者别人关心自己的友善行为不对自己胃口，而惹得自己一时性起，不是对对方反唇相讥，就是由着自己的性子乱发脾气。再如，领导对你的工作表示出不满，希望你及时改正，而你认为自己做的没错，是领导在故意找茬。所以，你就本着不服输的心态冲领导据理力争。又如，天气寒冷，父母要求你多添加衣服，不要只顾风度不要温度，你总认为父母亲思想落伍，观念落后，便冲着父母一通挖苦，使脾气。可是，事后你冷静下来，又会对自己的这些做法感到后悔，从而致使自己良心不安。

生活中，这种情形并不是个别现象。对个人来说，它最能体现的就是情商的高下。高情商的人，身上有种无形的力量在庇佑着他们，让他们能够理性、冷静地应对不如己愿的事，从而让自己不受消极情绪影响。这种无形的力量，就是情商思维。而一个人若是控制不住自己的性子，动不动就发脾气，他在生活中，在与人交往或相处中，总是会受到别人的压制和排挤。这种压制和排挤，无论对自己的学习、工作和生活，还是对个人的心理来说，都是一种打击。长此以往，就会让人沦为社会边缘人。一个人要想改变这种现象，就得及时调整自己，让情商思维在头脑中扎下根，并不断进行提升。下面是美国心理学家成功提升情商思维的一些经验。

第一，让自己的呼吸变得平缓、延长。

人每时每刻都在呼吸，所以，从这点入手来提升情商，对任何人都不困难。现代生理学研究发现，一个情绪容易失控的人，首先就反映在呼吸上，表现为呼吸急迫、短促。如果能调整呼吸节奏，让呼吸变得平缓、延长，就能让人的情绪有一个相对的缓冲时间，从而让人处事时不急着显露情绪。让呼吸变得平缓、延长，最有效的方式就是进行深呼吸锻炼。深呼吸能够帮助人们的胸部、腹部的肌肉和器官进行大幅度的运动，这既能使人心跳减缓，血压降低，又能转移人的压力，提高自我意识，从而控制情感，缓解焦虑情绪。

具体做法是：选择一个空气清新、无干扰的地方，静坐或静立均可。首先深吸一口气，先使腹部膨胀，再使胸部膨胀，达到膨胀极限后，屏住气息几秒钟，然后慢慢呼出气体。呼出气体时，先让胸部收缩，再让腹部收缩，尽量将气体排出。就这样反复吸气、呼气，持续3～5分钟。每天坚持锻炼2～3次。

第二，学会主动关心别人。

心理学家研究发现，长期在被关心环境下生活的人，除会产生依赖他人的惰性外，还极容易产生自负的心理。自负的人，会在自身与周围的人之间构筑起一道围墙，把自己置于高高在上的位置，盲目自大，过高地估计自己的能力，没有自知之明。这样的人，常常会在社会交往和社会活动中，因与他人的对立而把自己孤立起来，从而失道寡助，成就不了大事业。时间稍长些，他们就会陷入消极情绪的包围并产生恶性循环。这对于今后的人生和事业发展，都是致命的。要想改变这种情形，最有效的方式就是调整心态，学会主动关心他人。主动关心他人，做起来其实一点也不难，可从身边一些较亲近的人，如父母、爱人、小孩、老人、朋友、同学或同事中选取一个对象进行适应。通过关心他人，除收获他人的感激、敬重外，还能发现平时自己所不能察觉、领悟到的生活最真实的一面，能锻炼人的处事能力和心理承受能力。这方面的收获，让人在受到挫折或打击时，能保持理性的思维，不使自己产生负面情绪。

关心他人时，切忌为关心而关心，即带着功利性目的在里面，期望获得回报。这种关心，一旦不能取得预期目标，就会让人落入欲求不满之中，对改变自己的情绪反而产生坏的作用。所以，关心他人，最基本的原则是出于真诚，发自内心，不求回报，就像父母关心自己一样。再就是要遵从自己的实际情况量力而行，不做超出自己承受能力和控制范围以及损害自己利益的事情。关心他人的一个基本原则是无损自己。只有这样，才能做到关心者与被关心者之间的持续互动。还有就是，关心他人时要做到尊重他人，要与被关心的人之间保持一定的距离。如果超出这个界限，关心他人就成了干涉他人。

第三，组织和主导一次朋友聚会。

在社会交往中，一些人的消极情绪之所以招之即来，挥之不去，其深层次的原因通常是他对自己求全责备，以致出现对不完美情形难以释怀的结果。消极情绪是人际关系中的头号杀手，能断送我们的人脉关系，从而置自己的生活和事业于无助的状态。因而，培养和建立一个有益的社交圈，对一个人收获成功并收获内心的充实感，具有积极的现实意义。要建立一个良好的人脉关系，自己要掌握相当的处事技巧。掌握这些技巧，就能够做到应对自如，从而以娴熟的社交经验自动遏制消极情绪。这种经验可通过自己组织和主导朋友聚会中快速获得——聚会必须具有家庭聚会的性质。那要怎样组织和主导聚会呢?

首先必须做到对聚会的一切事宜都亲力亲为。依据自己的条件和实力，选择合适的聚会场所，并对场所亲自进行布置，并营造出轻松惬意的环境氛围；对应邀的朋友进行认真甄选，并确立他们在聚会场所的位置；对聚会时的开销，包括朋友的吃喝用度、所用器物的添置，都亲自过问；朋友到场时，亲自迎接、致欢迎词，亲自调动会场气氛，始终把握聚会节奏……聚会结束之后，要总结成功之处，不足之处。经过这样一番“折腾”之后，就会发现自己的情绪控制力会得以大幅度提升。

第四，做一些你从来没尝试过的事。

事不如意，人就没有好心情。但是，大千世界，人的所知极其有限，这也就意味着人所面对的更多的是未知领域。未知，既能让人产生好奇，也能让人产生畏惧。而消极情绪大都缘于畏惧时的心理变化。所以，与其对事物产生畏惧，不如来一次明知山有虎，偏向虎山行的挑战。比如说，有恐高症的人，偏来一次登高运动；你害怕被淹，偏去学习游泳等。

由于各种原因，人的生活圈总会于有意无意中固定于一个方式。这种方式，进而让人的思维和情绪都局限于特定的情势中。所以，当有消极情绪操控自己时，往往没有排遣的良方而持续被消极情绪操控。如果于这种定式中，突然来那么一些从没有过的尝试，会收到意想不到的良效。

没有过的尝试并非说哥伦布发现新大陆、麦哲伦环球旅行这种大的尝试——其中包含着探险加冒险的成分，而要从自身实际出发。在尝试时，要明确自己是为了更好地控制自己的情绪，培养心理上的承受能力。所以，在事先一定要具有这样的心态：往最坏的方面设想，各种能够招致消极情绪产生的各种负面因素、坏的局面都尽可能地想到，同时做好应付这些因素和局面的心理准备。

在生活中，不因人而异，只要以积极的心态敢于尝试，就一定能够找到培养和提升个人情商思维的办法。坚持下去，就能不断提升个人情商。

5.怎样调整自己的行为习惯

西班牙著名作家乌纳穆若说过这样的话："既然习惯是人生的主宰，人们就应当努力求得好的习惯。习惯如果是在幼年就起始的，那就是最完美的习惯。这是一定的，这个我们叫做教育。教育其实是一种从早年就起始的习惯。当你开始依照习惯行事，你的进取精神就会因此而丧失。"这番话既指出了行为习惯的后天性，也指出了其养成是一个逐步累积的过程。与此同时，也间接指出了调整行为习惯的必要性。

生活中，很多消极情绪的产生，都与自身所携带的习惯有着十分紧密的关系。这些习惯，首先将人的思维固定为一种惰性，以致积重难返，而当有消极情绪产生时，它就起着助纣为虐的作用。因而，及时调整这些行为习惯，不仅能让人走出情绪的梦魇，还能让人适时地提升情商思维，为自己工作生活的顺利赢来外部的保障。要调整行为习惯，可从以下几个方面着手。

第一，多看有益的书。

什么是有益的书？从事业的角度来说，就是对你的事业有直接的如技能、学术上的帮助，或者对你的人生具有借鉴、启迪和指导意义的书。这样的书，在提升你的学识和技能的同时，通过扩充你的视野和内涵，来潜移默化地影响你的性格，从而让你的习惯做出有利于人生提升的自觉改变，以更加通融的方式适应社会。这样的书，从行为上来说，最明确的作用就是能让人的情商思维得到提升。

蒙特乌斯是一家电气公司的工程师，他在电工领域尤其是自动化控制方面颇具天赋。公司大大小小的发明设计，可以说离了他就玩不转。这让他在赢得别人恭维的同时，逐渐养成了自负的心理，习惯于对同事和手下指手画脚。然而，这一年公司遭受同行前所未有的技术打压，致使自己的产品在技术上较同行落后一大截。虽然蒙特乌斯使出浑身解数，但始终找不到提升技术的途径。为此，他变得脾气格外暴躁，还到处指桑骂槐。于是，妻子就向蒙特乌斯的一位校友电话求助。他的校友很快为他寄来一本书——《科学的方法论》。在妻子的逼迫下，蒙特乌斯沉下心，认真地阅读了校友寄来的书。从中，他不仅对科学研究有了方向性的把握，还一下子懂得了合作的重要性，并舍弃了自负的心理。随即，他以平和的心态带领广大技术人员，群策群力，终于在技术上取得重大突破，从而为公司生产出了领先于同行的产品。

第二，学会判断好的习惯和坏的习惯。

每个人都存在着优点和劣点，世上无十全十美之人。同样，人的习惯中，既有好习惯，又有坏习惯，如果不能正确区分，一旦坏习惯主导人的行为，就会给人的行为带来诸多负面的影响。

其实，好习惯和坏习惯往往是相对而言的。比如说抽烟，对于身体健康来说，绝对是坏习惯，需要尽快改掉这一不良习惯。但是，从社会交往来说，抽烟又是一种拉近烟民距离的有效媒介。对于有着相同嗜好的人来说，他们会于吞云吐雾中体味到另一种共同的乐趣，这种共同的乐趣让他们能够走得更近。通过抽烟，他们能相处得极其融洽。

第三，必要时，做到事必躬亲。

在管理学上，针对管理者提出了一种分权理论，认为凡事如果都事必躬亲的话，就会让管理者置有限的精力于无尽的事务中，不仅会拖垮他的身体，还会迷惑他的双眼，让他看不到组织战略发展层面的东西。这种理论，自有它的科学之处。但是，从社会交往的角度来看，事必躬亲并非是坏事，反而能拉近距离，增进了解，结下友谊，融洽人际关系，为工作和事业发展建立广泛的人脉关系。

换种思维来论，比方说，每当有重大科学发现，新技术面世，如果仅是道听途说，永远都不会感知到它给业界和社会生活带来的明显影响，只有亲自接触了解，才不会让自己的思维永远置于虚拟世界。这样，你就会收获内心的平和，自然不会招致情绪上的波动。

第四，逢人主动打招呼。

打招呼，首先在于把主动权掌握在自己手中。这种主动性不但能迅速拉近打招呼双方的距离，还能让别人记住自己并产生好感。这种好感，是从外界对付消极情绪的最坚硬盾牌，能让人免受情绪波动之扰。

打招呼所要实现的最直接目的就是增加对方对自己的好感。这时，既要注意对方的身份，还要区分场合，更要把握说话的分寸和方式。比方说，在与面试官见面时，可以通过面带微笑、恭敬的点头然后再送上“您好”之类的问候语来打招呼，需要注意的是，不要太过殷勤或喧宾夺主。又比方说，与陌生人打招呼。可以通过很友好的方式向他问候，也可以很友好地自报家门，表达你渴望交往的良好意愿，这体现的就是建立健全在平等基础上的真诚。在交流中得知对方的真实身份后，还要做到尽量维护他的身份。这样才能赢得他人信任，进而与之结下友谊。

第五，树立正面的榜样，并向他看齐。

人在很多情况下，之所以会出现六神无主的情形，就是因为失去了工作或生活中的目标。先不说这种目标何在，单说这种情形带给情绪的变化，一定是一种让人非常不愿接受的消极情绪的波动。这种消极情绪，对人生的发展会产生严重的伤害。如果因为较狭窄的知识和视野，自己一时不能发现或寻找到适合自身发展的目标，该怎么办呢?

榜样的力量是无穷的。榜样有时就像一盏明灯，会给人指明前行的方向。同时，榜样又具有激励的作用，给人前行的动力和勇气。所以，选取榜样来作为自己行动和人生发展的目标，是非常切实有效的。只不过，世上的榜样多如牛毛，并不见得十分符合自己。在和平年代，你可以把战争年代英雄的精神作为自己行动的动力，但不可以作为自己奋斗的目标。因而，在选取榜样时，必须讲求针对性。一般来说，为提升自己的情商思维，所选取的榜样就应是那些身处人生逆境而不向困难低头，以无惧无畏的勇气而成就事业之人。这样的榜样可做一些分解，包括他们的人生规划、事业目标、实施策略、心意实境等，都可拿来作为自己行动的参照物。与此同时，还可从他们不屈的品性中，提升自己的抗挫折能力，从而管住自己的情绪，让自己所走之路时刻处在自己的掌握之中。

每个人都有自己的生活习惯和建立在这些习惯上的行为方式。当这些行为方式越来越成为自己事业和生活中的羁绊时，就要做到及时调整，以适应变化之中的新形势。只有这样，你才能拥有更全面的情商思维，并适时地提升它。

附：情商思维能力测试题

以下是情商思维训练题，可以测试一个人的情商思维程度。

1.有一天，你在步行时，突然发现自己的上司正面向自己走来。但你与这位上司并没打过什么交道，你认识他，他不一定认识你。这时，你会产生怎样的想法?

A.直接迎上去，主动热情地同领导打个招呼。B.等两个人走近时，再冲领导打个招呼。C.等两个人走近了看情形再说，如果他没看我，也就没打招呼的必要。D.公司那么多的人，他怎么会认识我。等会儿就像陌生人那样与他擦肩而过，岂不省事。

2.有一天，无意中你听到两个同事正在谈论你。他们正谈在兴头上，根本没发现你在偷听。这时，你有怎样的想法?

A.让他们谈去吧，我只管干自己的事。B.我要听清楚他们到底在谈什么。如果是坏话的话，暂时不打扰他们，但我要铭记在心，以做事后打算。C.听到好话还是罢了，如果是坏话的话，我立即叫你俩难堪。D.不管是好话还是坏话，我都不容许你们在背后说我，我要立即给你们难堪。

3.拳王泰森在比赛中竟然咬掉了对手的耳朵。你得知这一消息后会产生怎样的想法？

A.情绪失控时，就会产生过激的行为，给他人带来伤害。所以，人在任何时候，都应该控制住自己的情绪。B.咬人，应该受到惩处。C.人处在高度竞争状态时，难免会有过激的行为，只要事后给对手道歉，就没什么大不了的。D.这样的比赛才吸引人，也最真实，没什么大惊小怪的。

4.到风景区旅游时，导游时不时地就将你们带去购物，游客们为此牢骚满腹。作为游客中的一员，这时，你会有怎样的想法？

A.善意地同导游交涉，如果交涉不成，向主管部门投诉。B.同导游进行理论，希望凭自己的努力和游客们的支持，能中止导游的行为。C.鼓动游客共同抵制导游的指挥，直到导游保证不再带游客购物为止。D.发动游客围攻导游，要求他退还购物款。

5.若你真的遇到了母亲和心爱的女友一起落水的这种情形，你会产生什么样的想法？

A.我先救最近的。B.我会采取一切手段，同时让她们两个都获救。C.当然先救母亲。失去女友，还可再找；失去母亲，就永远失去了。D.先救女友。

6.与两位好友一起乘坐热汽球在大海上空旅游。中途突然发生热汽球泄漏，需要抛一个人下去，以减轻载重才能保证热汽球安全回到海岸。这时，你会产生什么样的想法？

A.应该以一种公平的方式，比如抓阄的方式来决定下抛人选。如果轮到自己，那也只能认命。B.尽量将不利因素转化到他人头上，比如说如果自己不是最重者，就提议抛最重者下去。C.以哭泣、哀怜的方式获得别人的同情。D.暗中用眼神与一位好友做好沟通，然后趁第三位好友不注意，迅速将他抛下汽艇。

7.早晨上班时，领导当众宣布，办公室昨晚被窃了。这时，同事们不约而同地把眼光落在你身上。你会产生怎样的念头？

A.正好趁这个机会，指出公司在防盗方面的疏漏之处。B.正好帮大家一起分析失窃的各种可能性。C.反正我身正不怕影子斜。D.向大家提供自己不在场的证据。

8.逛商场正有事选择离开时，突然发现领导带着自己的小孩也在商场内购物，但领导并没发现你。这时，你会怎样？

A.微笑着上前打招呼，做一些交谈，并不失时机地夸赞他小孩几句。B.微笑着上前向领导问好。C.只管走自己的，万一领导发现我，再打招呼也不迟。D.多一事不如少一事，反正领导没看见我，我走我的就是了。

9.你和你的对象一起逛街时，碰到一位美女/帅哥从身边经过。你的对象盯着他/她看了又看。这时，你的第一反应会是怎样？

A.笑着冲对象调侃道："亲爱的，今生已无缘了，来生再相聚吧。"B.紧拉住对象提醒道："亲爱的，别妄想了。这世上对你最好的，除了我，还是我。"C.紧绷着脸，表达着不满："难道我们朝夕相处的夫妻情，还抵不上一位陌生人？"D.将对象紧拽到身边，愤怒地叫道："看看你的表现，这大庭广众下，丢人都丢到家了。你把我置于何地？"

10.你驱车行驶时，突然有一位老人倒在了你车子的前面。这时，你会产生怎样的反应？

A.就地停车，先打电话叫救护车，然后下车，扫视一下周围的环境，再走到老人的身边。B.就地停车，赶紧报警，然后下车去扶起老人。C.驱车从老人身边绕过去，反正是他自己倒下的。D.这种事离得越远越好，越快越好。

11.不经意间你遇上了一场群殴事件。你会有怎样的反应？

A.报警。B.静观事态发展。C. 围观看热闹。D. 远离是非之地。

12.你兴冲冲地买回一件衣服，回来后发现上面有一个破洞。这时，你会有怎样的反应？

A.寻找购物发票，准备退换。B.拨打购物商场电话进行投诉。C.返回商场，进行交涉。D.放置一边，自认倒霉。

13.一群流氓突然围住你，故意找你麻烦。你会怎样应对？

A.以谦和的态度向对方表明这是一场误会。B.士可杀不可辱，跟他们拼了。C.顺着对方的意思讨好对方，以求息事宁人。D.寻找机会，拔腿就跑。

14.下面的生活场景同时出现在你面前时，你会做怎样的选择？

A.有人敲门，去打开门。B.孩子哭了，安抚孩子。C.突然下雨，去关阳台的窗户。D.电话铃响个不停，去接电话。

15.公司一把手姓傅，二把手姓郑，但一把手最忌讳人家喊他“傅总”，因为这样喊很容易让外人认为他是“副总”，他打心里又对喊二把手为“郑总”最反感。假如你是公司的办公室主任，当这两位领导同时出现在你面前时，你会怎样与他们打招呼？

A.总经理好，郑副总好。B.两位老总好。C.傅总好，郑总好。D.微笑着等待指示。

参考答案及计分评估。

本测试计分共分两个部分。

第一部分1～10题：选A得15分，选B得5分，选C、D得0分。

第二部分11～15题：选A得8分，选B、C、D得0分。

将以上两部分的得分相加，就是总得分。最高分为190分。得分在150分以下，表明你的行事方式常常缺乏理性，情商思维能力很低，容易被情绪支配。得分在150～170分之间，表明你的情商思维能力适中，还需要进一步提升自己的情商思维能力。得满分者，几乎人生的各方面都顺风顺水，是具备较高思维能力之人。